MÉMOIRE

SUR

LES BARRAGES

A HAUSSES MOBILES

Paris. — Imprimé par E. Thunot et Ce, rue Racine, 26.

MÉMOIRE

SUR

LES BARRAGES

A HAUSSES MOBILES

PAR

MM. CHANOINE,
INGÉNIEUR EN CHEF DES PONTS ET CHAUSSÉES,

ET

DE LAGRENÉ,
INGÉNIEUR ORDINAIRE DES PONTS ET CHAUSSÉES.

PARIS.

DUNOD, ÉDITEUR,

SUCCESSEUR DE Vor DALMONT,

Précédemment Carilian-Gœury et Victor Dalmont,

LIBRAIRE DES CORPS IMPÉRIAUX DES PONTS ET CHAUSSÉES ET DES MINES,

Quai des Augustins, 49.

1862

AVANT-PROPOS.

Les premiers essais de hausses remontent à 1852, le principe en fut représenté par un modèle à l'exposition de Paris en 1855, et l'on construisit de 1855 à 1857 sur la Seine, près du village de Conflans, un barrage composé, 1° d'une passe navigable de 35 mètres de largeur, fermée par vingt-neuf hausses de $2^{m}.35$ de hauteur et de $1^{m}.10$ de largeur; 2° d'un déversoir de 26 mètres de largeur fermé par des hausses de $1^{m}.70$ de largeur et de $1^{m}.35$ de hauteur.

Il a été rendu compte des manœuvres et des expériences faites sur ce barrage dans un mémoire inséré en 1859 dans les *Annales des ponts et chaussées;* ces manœuvres se résument ainsi :

Deux hommes abattent facilement et sans courir le moindre danger un mètre courant de la passe navigable en 5 secondes, et le relèvent en 90 secondes. La manœuvre des hausses du déversoir se fait plus rapidement encore.

A la suite des expériences nombreuses faites sur le barrage de Conflans et répétées de 1857 à 1862, le Ministre des travaux publics autorisa l'application de ce système à environ quarante barrages en construction sur l'Yonne, la Seine et la Marne, et prescrivit même d'en augmenter les dimensions.

Les plus grands de ces barrages sont en construction sur la Seine, certains d'entre eux ont une passe navigable de 54m.70 de largeur, fermée par quarante-deux hausses de 3m.11 de hauteur et 1m.20 de largeur, et un déversoir de 70m.10 de largeur, fermé par cinquante hausses de 2 mètres de hauteur et de 1m.30 de largeur.

Tous les barrages de l'Yonne, de la Marne et de la Seine sont en construction; l'un des plus grands de la Seine, celui d'Evry, sera terminé en 1862.

Pourra-t-on donner aux hausses plus de hauteur, les employer à d'autres usages qu'à des barrages mobiles, par exemple pour certaines écluses de chasse à la mer, pour certaines usines? Il est permis de le penser; les expériences qui seront faites sur les barrages actuellement en construction fourniront des renseignements précieux pour ces nouvelles applications.

Le modèle admis à l'exposition universelle de Paris représentait plutôt l'idée du système que le système lui-même. Le modèle adressé à l'exposition universelle de Londres en 1862 représente au contraire le système exécuté avec toutes les améliorations déjà indiquées par l'expérience; on y remarque en sus des principaux organes les attaches du seuil au radier, la gorge de la glissière et la forme du heurtoir, la forme des colliers de la hausse et leurs arrêts pour qu'elle ne puisse prendre de l'amont vers l'aval plus de 15 degrés d'inclinaison; les chaînes de traction, le bateau de manœuvre et sa poulie mobile; le mécanisme du contre-poids mobile des hausses automobiles; la simplicité des organes de la barre à talons; tous ces perfectionnements sont représentés sur les planches jointes au mémoire de MM. Chanoine et de Lagrené.

Au point de vue théorique et pratique on doit remarquer encore que l'on peut calculer maintenant le poids et la course du contrepoids mobile de manière qu'une hausse se mette en bascule ou se redresse pour des hauteurs d'eau déterminées.

Les dépenses faites pour le barrage de Conflans terminé en 1857, ont été les suivantes :

	fr.
Le mètre courant du radier de la passe navigable. .	1.280
Le mètre courant de déversoir.	830
Le mètre courant du barrage total..	2.040
Une hausse de passe navigable.	280
Une hausse de déversoir.	180
Un mètre courant de barre à talons en fer.	30
Un treuil.	380
Le bateau de manœuvre et ses agrès..	820

Les mêmes parties pour les barrages en construction sur la Seine sont estimées :

Le mètre courant du radier de la passe navigable.. .	1.820
Idem. du déversoir..	1.268
Idem. du barrage total.	3.000
Une hausse de passe navigable.	620
Une hausse de déversoir.	340
Un treuil pour les barres à talons.	650
Le bateau de manœuvre et ses agrès.	1 500

Si l'on cherche à rattacher le système des hausses mobiles aux systèmes qui l'ont précédé, on peut dire qu'il a emprunté aux projets de feu M. l'inspecteur général de Cessart, l'axe de suspension des hausses, au barrage de l'Orb exécuté par les anciens ingénieurs du canal du Midi, l'arcboutant; aux barrages de l'Ile exhaussés par feu M. l'ingénieur en chef Thénard, la barre à talons; aux beaux travaux de M. l'inspecteur général Poirée, une partie des attaches des parties mobiles sur le radier.

Le reste du système est dû à M. l'ingénieur en chef Chanoine puissamment aidé dans les travaux par M. le conducteur Nicolle, en ce qui concerne l'agencement des pièces; par M. l'agent secondaire Lambert, pour les expériences faites à Conflans; et dans ces derniers temps pour les études théoriques, l'établissement des formules mathématiques et la recherche de nouvelles applications du système par M. l'ingénieur de Lagrené.

TABLE DES MATIÈRES.

MÉMOIRE

SUR

LES BARRAGES

A HAUSSES MOBILES.

Exposé. — Le mémoire que nous présentons se divise en trois parties : dans la première nous exposons en quoi consiste un barrage à hausses mobiles, et pour bien fixer les idées, nous prenons pour type l'application faite en ce moment aux douze barrages en construction sur la Seine, entre Paris et Montereau ; dans la seconde partie, nous donnons les calculs qui doivent servir de base à l'établissement d'un barrage quelconque de ce système.

Nous avons, en outre, annexé au présent mémoire les procès-verbaux des expériences faites par divers ingénieurs au barrage de Conflans-sur-Seine ; ces expériences complètent celles dont on a déjà rendu compte dans les *Annales* (année 1859) et formeront la troisième partie.

1

PREMIÈRE PARTIE.

CHAPITRE PREMIER.

DESCRIPTION GÉNÉRALE DES PARTIES FIXES D'UN BARRAGE.

Composition d'un barrage. — Un barrage à hausses mobiles établi sur une rivière navigable comprend deux parties essentielles, savoir : la passe navigable et le déversoir (*voir*, à la fin du mémoire, la légende des planches).

La passe navigable sert à la navigation quand il y a naturellement assez d'eau en rivière pour donner aux bateaux le tirant d'eau dont ils ont besoin ; les hausses mobiles qui servent à la fermer sont alors couchées sur leur radier.

Le déversoir sert à maintenir le niveau de la rivière à une hauteur déterminée quand le barrage fonctionne ; il sert en outre à l'écoulement de l'eau pendant le relèvement des hausses de la passe navigable, ainsi que cela sera expliqué plus loin.

A ces deux parties essentielles, on accole généralement une écluse, par laquelle se fait la navigation lorsque le barrage est dressé ; quand il n'y a pas d'écluse accolée, la navigation ne peut se faire que par lâchures en abattant le barrage à des périodes déterminées.

Seuils des passes navigables. — Le seuil de la passe navigable d'un barrage doit se trouver à une profondeur au moins égale à celle du fond de la rivière en amont du barrage.

Sur la haute Seine les seuils des passes sont à $0^{m}.60$ sous l'étiage.

Seuils des déversoirs. — Le radier du déversoir doit être arasé de telle sorte que, tout en trouvant facilité et économie à le construire, sa section ajoutée à celle de la passe navigable offre un débouché en rapport avec le débit de la rivière à ses diverses époques. Il faut, en outre, que son seuil soit à un niveau tel que pendant le relèvement des hausses de la passe il donne passage aux eaux de la rivière sans produire une chute trop forte de l'amont à l'aval de cette passe : on comprendra plus tard toute l'importance de cette disposition.

Il existe donc nécessairement un rapport entre la section de la passe navigable et celle du déversoir, et en outre, pour celui-ci, un rapport entre sa largeur et la hauteur de son seuil.

Les seuils des déversoirs de la haute Seine ont été placés à 0m.50 au-dessus de l'étiage.

Largeur des passes navigables. — La passe navigable est un ouvrage coûteux à établir; il ne faut lui donner que la largeur réclamée par les besoins de la navigation.

Sur l'Yonne et la petite Seine, les passes navigables ont une largeur de 35 mètres; sur la haute Seine, elles varient, entre Montereau et Paris, de 40 à 55 mètres, mesurés perpendiculairement à la direction de la rivière.

Largeur des déversoirs. — Les largeurs des déversoirs varient entre 60 et 70 mètres.

Lorsque la largeur de la rivière ne permet pas de placer le déversoir dans le prolongement de la passe et perpendiculairement à la direction de la rivière, on peut le mettre obliquement; dans ce cas, l'angle d'inclinaison ne doit pas être moindre que 60°, afin d'éviter que les graviers, chassés par les eaux du déversoir, ne viennent encombrer le chenal qui fait suite à la passe.

Radier des passes navigables. — Le radier doit avoir une largeur telle, qu'il puisse recevoir les divers organes des hausses et les batardeaux qui servent à la construction, quand les fondations sont établies sur béton.

Sur la haute Seine, cette largeur est de 9m.50, et se divise en trois zones, savoir :

Deux ayant 1m.75 pour les batardeaux et une ayant 6 mètres pour le pavage destiné à recevoir les organes que l'on appelle les parties mobiles du barrage. On ne pourrait diminuer cette largeur qu'en plaçant les batardeaux en dehors du coffrage du radier, mais ce mode de construction, soumis à quelques expériences, ne paraît pas avantageux pour les fondations sur sable et gravier.

Le radier doit avoir une épaisseur suffisante pour résister aux sous-pressions pendant les épuisements, et aux diverses forces qui agissent lorsque le barrage fonctionne.

Sur la haute Seine, cette épaisseur est de 2 mètres, non compris le pavage.

Résistance à la force d'arrachement. — On verra plus loin que chaque hausse de passe navigable peut produire sur le radier une force verticale dirigée de bas en haut; cette force est égale à 2 200 kilogrammes environ, lorsque la différence de niveau de l'amont à l'aval s'élève à 2m.40, comme sur les barrages de la haute Seine. Si le seuil était en même temps soumis à une sous-pression, comme cela peut arriver, il faudrait attacher au pied de chaque hausse un bloc de pierre cubant 2mc.00 pour en bien fixer les attaches.

Les carrières dont on se sert ne peuvent pas toujours donner des pierres de pareilles dimensions; ces pierres occasionneraient d'ailleurs des difficultés de pose et de réparations; on a donc été conduit à proposer l'emploi d'ancres qui relient le seuil de la passe au massif de béton des fondations.

L'inspection des dessins joints au présent mémoire fait bien comprendre la disposition de ces attaches.

Pour chaque hausse il y a une ancre. Cette ancre est un

tirefond vertical; sa tige traverse à la fois la pierre qui forme l'encastrement du seuil du radier et le seuil en bois portant les crapaudines du chevalet de la hausse; un écrou muni de sa rondelle la fixe sur la partie supérieure du seuil, sa boucle placée sous la pierre de l'encastrement est traversée par une barre de fer de 3 mètres de longueur dont l'extrémité pénètre sous la rangée de pierres de taille qui reçoit les heurtoirs.

Cette première série d'ancres ne sert qu'à relier le seuil en bois à la pierre d'encastrement et à empêcher tout mouvement de rotation de cette pierre.

Une autre série d'ancres de fond sert à relier les pierres d'encastrement au massif du béton de fondation. Il y a une ancre pour deux hausses; chaque ancre se compose à la partie inférieure d'un disque en fonte de $0^{m}.50$ de diamètre au moins, portant une tige de fer terminée en pas de vis à sa partie supérieure.

Cette ancre est descendue au fond de la fouille avant qu'on y coule le béton; on maintient sa tige dans une position verticale pendant le coulage, et lorsqu'on pose la pierre d'encastrement on dirige cette tige dans un trou foré à l'avance ou dans un joint convenablement élargi; on réunit ensuite toutes les tiges de cette seconde série d'ancres au moyen d'une plate-bande de fer de $0^{m}.20$ de largeur; enfin on fixe les tiges des ancres sur cette bande avec des écrous, et l'on complète l'attache au moyen de crampons intercalés entre les ancres et scellés dans les pierres de la plate-bande d'amont.

Au barrage d'*Évry*, on a remplacé ces ancres de fond par des pieux de 5 mètres de fiche dont les têtes sont noyées dans le radier et auxquels les pierres d'encastrement sont reliées; ces pieux sont hérissés de broches pour bien faire corps avec le massif de béton.

Résistance à la force de glissement. — On verra plus loin (2ᵉ partie) que la pression suivant l'arc-boutant d'une hausse de passe navigable de la Seine est d'environ 4 500 kilogrammes, laquelle produit une composante horizontale égale à environ 3 500 kilogrammes au droit de son heurtoir.

Cette composante tend à faire fléchir les coffrages des fondations et à faire pivoter le massif de béton de l'amont vers l'aval.

Des observations nombreuses ont montré qu'il ne fallait pas compter sur la résistance du coffrage d'aval, mais qu'il fallait au contraire le rattacher à celui d'amont par plusieurs tirants en fer.

Ces tirants sont espacés de 5 mètres; leur pose sous l'eau n'offre aucune difficulté, surtout lorsqu'on a un scaphandre à sa disposition.

Quand les coffrages de l'enceinte sont bien fichés dans le sol et reliés entre eux comme il vient d'être dit, aucun renversement n'est à craindre; mais comme le béton des zones d'aval du radier peut être affouillé, il faut que le pavage du radier puisse résister par son adhérence seule à la force de glissement de 3 500 kilogrammes par hausse. Or, si l'on prend seulement 1 100 kilogrammes pour l'expression de l'adhérence d'un mètre quarré de maçonnerie, on trouve que l'adhérence jointe au frottement donne une résistance bien supérieure à 3 500 kilogrammes.

Radier des déversoirs. — La largeur du radier d'un déversoir de la haute Seine a été fixée à 4 mètres entre les pieux et 4^{m}.36 entre les palplanches, de manière qu'il y ait à peu près 1 mètre en aval et 1 mètre en amont des hausses couchées sur le radier.

L'ensemble d'un déversoir se compose d'un massif de béton coulé dans un coffrage en charpente recouvert d'un pavage et couronné par un système de hausses; mais comme le massif du béton pourrait subir à la longue des tassements nuisibles aux mouvements des parties mobiles, celles-ci reposent exclusivement sur des traverses et des longrines fixées sur les deux lignes du coffrage et sur une ligne de pieux intermédiaires enfoncés au refus dans le sol comme les pieux et palplanches du coffrage.

Le massif de béton s'oppose d'ailleurs à ce que ces charpentes aient un mouvement dans le sens transversal.

Résistance à la force d'arrachement. — Chaque hausse de déversoir peut produire sur le radier une force d'arrachement; cette force s'élève à 1 350 kilogrammes environ sur la haute Seine; elle tend à arracher le seuil assemblé à tenons et mortaises dans les traverses, et retenu en outre sur ces traverses par des équerres et par la patte du heurtoir.

Toute la charge est donc supportée par la traverse placée sous la hausse, et cette charge tend à l'écarter du coffrage d'amont en la faisant pivoter sur le pieu intermédiaire. Il est facile de s'opposer à ce mouvement, et l'examen des dessins joints au présent mémoire fait suffisamment comprendre le système adopté pour les déversoirs de la haute Seine.

Résistance à la force de glissement. — La pression suivant l'arc-boutant d'une hausse de déversoir produit au droit du heurtoir une composante horizontale qui s'élève à 2 500 kilogrammes environ sur la haute Seine. Cette composante est détruite par le poids propre du massif de béton, la stabilité est d'ailleurs augmentée par la fiche que les pieux et palplanches des coffrages prennent dans le sol.

Arrière-radier. — Nous avons examiné la question de savoir s'il était utile de protéger les radiers des passes navigables et des déversoirs par des arrière-radiers, destinés à empêcher les affouillements. Sur l'Yonne, les barrages n'ont pas d'arrière-radiers, et le besoin ne s'en est jamais fait sentir. Or, sur la Seine, les graviers sont moins mobiles que sur l'Yonne; il y a donc lieu de penser que les arrière-radiers ne sont pas nécessaires; toutefois l'expérience prononcera sur ce point. En attendant, la liaison qui existe entre les coffrages d'amont et d'aval des radiers ne laisse aucune crainte sur leur solidité, même avec la possibilité de notables affouillements.

Estacades en amont des barrages. — Il en est de même en ce qui concerne les estacades qu'il y aura peut-être lieu d'établir ultérieurement en amont des déversoirs pour empêcher les bateaux d'y être entraînés : l'expérience prononcera.

CHAPITRE II.

HAUSSES NON AUTOMOBILES DES PASSES NAVIGABLES.

Description sommaire d'une hausse proprement dite. — Une de ces hausses est composée :

1° D'un cadre en charpente susceptible de se mouvoir sur un axe horizontal placé dans une direction perpendiculaire au courant.

Quand cette charpente est debout, elle est soutenue par cet axe et s'appuie par son pied contre un seuil fixé sur le radier du barrage.

2° D'un chevalet en fer portant l'axe horizontal dont il vient d'être question.

La base de ce chevalet est terminée par deux tourillons qui sont reçus dans des crapaudines attachées au seuil contre lequel s'appuie le pied de la hausse ; de sorte que ce chevalet peut tourner sur sa base et entraîner dans son mouvement la charpente de la hausse.

3° D'un arc-boutant en fer dont la tête est articulée avec celle du chevalet, et dont le pied s'appuie contre un heurtoir en fonte scellé dans le radier.

Ces trois pièces composent en réalité toute la hausse.

Le chevalet et l'arc-boutant, quand ils sont dressés, forment un angle qui porte à son sommet l'axe de rotation de la hausse. La charpente, appuyée d'une part sur cet axe, d'autre part contre le seuil du radier, est l'obstacle qui s'oppose à l'écoulement de l'eau.

Plusieurs hausses juxtaposées transversalement à un cours d'eau forment un barrage.

Quoique juxtaposées, les hausses ne sont pas jointives : on laisse entre elles, tant pour la facilité de la manœuvre que pour l'écoulement des eaux, un intervalle dont la largeur peut varier de 5 à 15 centimètres, selon que la rivière débite plus ou moins à l'étiage.

En principe, ces intervalles réunis doivent former un débouché tel que les 2/3 ou les 3/4 du débit du cours d'eau à l'étiage puissent y passer; il ne faut pas que la partie inférieure de la rivière soit affamée.

Les autres pièces ajoutées aux hausses d'un barrage servent, soit à dresser, soit à abattre ces hausses.

Pièces qui servent à abattre les hausses. — Barre à talons. — Supposons qu'une hausse soit dressée, et voyons quelles pièces il faut pour l'abattre.

Si l'on tire le pied de l'arc-boutant, appuyé contre le heurtoir, de manière que ce pied arrive sur le côté du heurtoir, il est clair que l'arc-boutant, ayant perdu son point d'appui, s'allongera sur le radier dans la direction de la pression exercée sur la hausse; que le chevalet suivra l'arc-boutant en tournant sur sa base, et que la charpente de la hausse suivra à son tour le chevalet, de telle sorte que le chevalet et l'arc-boutant s'étendront sur le radier dans le prolongement l'un de l'autre, et que la charpente viendra les recouvrir.

L'arc-boutant se tire au moyen d'une barre placée horizontalement sur le radier et que l'on appelle barre à talons, parce qu'elle porte des talons qui tirent les arcs-boutants à mesure que ceux-ci doivent être abattus.

Cette barre à talons doit être facile à manœuvrer et disposée de manière que ni les sables, ni les graviers, ni les corps flottants ne puissent gêner son mouvement.

Elle est terminée par une crémaillère engagée dans un treuil vertical : c'est au moyen de ce treuil que le mouvement est transmis à la barre à talons, et de là à l'arc-boutant de chaque hausse.

Il est à remarquer que si la barre à talons doit se mouvoir dans un certain sens pour abattre les hausses, elle doit encore se mouvoir dans le sens contraire quand toutes les hausses sont abattues, afin que chaque talon de cette barre reprenne la place qu'il doit avoir pour l'abatage des hausses avant leur redressement : de là la nécessité de disposer l'articulation du chevalet et de l'arc-boutant de manière qu'il y ait au-dessous d'elle, quand ces pièces sont étendues sur le radier, une loge dans laquelle la barre à talons puisse librement aller et venir.

Pièces pour relever les hausses. — Une hausse est divisée, par son axe de rotation, en deux parties distinctes : on est convenu d'appeler *culasse* la partie de la hausse située au-dessous de l'axe de rotation, et *volée* la partie située au-dessus de cet axe.

Il était essentiel de parler de cette distinction avant d'entrer dans les détails qui vont suivre.

Si l'on fixe le pied de la culasse d'une hausse sur le seuil du barrage, et que l'on essaye de relever cette hausse en la saisissant avec un crochet par la tête de sa volée, on éprouve une certaine résistance qui grandit rapidement avec la hauteur de la chute d'eau dans la passe navigable, et devient presque insurmontable quand cette chute atteint 0m.30 de hauteur.

Dans les hausses mobiles actuelles, on opère tout à fait différemment ; on saisit la hausse par le pied de sa culasse, et la chute d'eau, qui dans la première manœuvre était un empêchement, devient, dans une certaine mesure, un auxiliaire, parce qu'elle soulève la charpente de la hausse dès que l'eau a pu se frayer un passage au-dessous d'elle.

Le pied de la culasse de la hausse est garni d'une poignée en fer. L'éclusier, monté sur un bateau gréé pour la manœuvre, saisit cette poignée avec un crochet; à mesure qu'il tire, la culasse de la hausse s'éloigne du radier, remorquant après elle son chevalet, et celui-ci l'arc-boutant.

Quand cet ensemble est arrivé à l'extrémité de sa course, le pied de l'arc-boutant vient s'appuyer contre le heurtoir; l'appui de l'axe de rotation formé par le chevalet et cet arc-boutant est construit ; la hausse est suspendue sur son axe de rotation et la culasse soutenue par le crochet de manœuvre.

Si la culasse est plus lourde que la volée ou si on la pousse un peu, la hausse tourne sur son axe dès qu'on détache ce crochet, et la culasse vient s'appuyer contre le seuil.

Les choses se passent effectivement ainsi ; mais pour que chacune des pièces en mouvement marche avec précision et vienne régulièrement se mettre d'elle-même à la place qui lui est assignée, il a fallu prendre certaines dispositions qu'il s'agit maintenant de faire connaître, au moins sommairement.

L'arc-boutant, on le voit, est la pièce fondamentale du système, tant au point de vue de la résistance qu'au point de vue des manœuvres.

Mais comme cet arc-boutant est en quelque sorte dépendant de la position adoptée pour l'axe de rotation de la hausse, il convient de commencer l'étude des détails d'une hausse par celle de cet axe de rotation et des pièces qui y sont attachées.

Axe de rotation d'une hausse. — Les différentes forces qui agissent sur une hausse debout sur son chevalet et plongée dans l'eau, tendent à la faire basculer autour de son axe ou à l'en empêcher.

Les forces qui agissent en faveur du mouvement de bascule sont :

La pression de l'eau d'amont sur la volée ;

La pression de l'eau d'aval sur la culasse ;

Le poids d'une partie de la volée ;

La force vive résultant de la vitesse de l'eau d'amont.

Les forces qui agissent en sens inverse sont :

La pression de l'eau d'amont sur la culasse ;

La pression de l'eau d'aval sur la volée ;

Le poids de la culasse ;

Une partie du poids de la volée ;

Les frottements développés par ces forces sur l'axe de rotation.

La relation d'équilibre entre toutes ces forces est nécessairement assez compliquée ; mais si l'on remarque que les principales forces naissent des pressions de l'eau, surtout de l'eau d'amont, et si, pour simplifier encore les études, on suppose la charpente de la hausse réduite à un plan mathématique et son axe de rotation à une ligne tracée dans ce plan, on arrive à cette double conséquence :

1° Que si l'axe de rotation est placé de telle manière que la longueur de la culasse soit la moitié de celle de la volée, il y aura équilibre entre les pressions exercées par l'eau d'amont sur ces deux parties de la hausse, lorsque l'eau affleurera le sommet de cette hausse ;

2° Que si l'axe de rotation est placé au milieu de la hausse, il n'y aura jamais équilibre entre ces pressions, quelle que soit la hauteur de l'eau déversant par-dessus la volée : les pressions sur la culasse l'emporteront toujours sur celles qui agissent sur la volée.

De là on conclut que l'axe de rotation doit être placé entre le tiers et la moitié pour les hausses qui ne doivent pas être automobiles, et à peu près au tiers de cette hauteur pour celles qui doivent être automobiles.

Si maintenant on cherche à se rendre compte de l'influence que peuvent exercer sur la mobilité de la hausse les pressions de l'eau d'aval, le poids de la volée, celui de la culasse, les frottements, et la force vive de l'eau d'amont.

On trouve :

1° Que les pressions de l'eau d'aval contribuent à faciliter le mouvement de bascule, mais qu'il suffit de remonter l'axe de rotation de quelques centimètres pour que leur effet soit paralysé ;

2° Qu'il convient de charger la culasse pour faire équilibre à l'action du poids de la volée non immergée ;

3° Que les frottements sur les tourillons de l'axe de rotation ne produisent qu'une résistance sans importance eu égard aux pressions qui agissent sur la hausse, et qu'une augmentation de 2 à 3 centimètres dans la hauteur de la lame déversante suffit pour triompher de cette résistance ;

4° Que l'effet de la force vive due à la vitesse de l'eau d'amont est très-faible quand l'eau en rivière libre est peu élevée et quand la lame déversante ne dépasse pas 10 centimètres, mais qu'il croît assez vite quand l'eau en rivière libre est assez élevée pour submerger l'axe de rotation de la hausse et quand la lame déversante atteint ou dépasse 0m.15 ; plus généralement qu'il croît avec la vitesse de l'eau d'amont qui peut être, en outre, accélérée par d'autres causes que celles dont on vient de parler, par exemple par l'ouverture d'une partie de la passe navigable.

Ainsi, on a constaté au barrage de Conflans, au moyen d'oscillations remarquées dans certaines hausses de la passe navigable, que les pressions exercées sur la volée et la culasse se font littéralement équilibre quand la lame déversante approche de 0m.15 (l'eau en rivière libre et par conséquent l'eau d'aval étant d'ailleurs très-élevée), et que, dans cette circonstance, deux ou trois hausses de la même passe se sont renversées dès qu'on eut abattu les hausses voisines.

On trouve, au reste, par le calcul, pour des hausses de

$3^{m}.11$ de hauteur et de $1^{m}.20$ de largeur, que l'effet de cette force vive est exprimé, quand la vitesse de l'eau d'amont atteint 1 mètre, par une pression de 80 kilogrammes environ exercée au milieu de la volée et normalement à cette volée.

Les hausses d'une passe navigable ne doivent pas être automobiles, car des corps flottants pourraient s'amonceler contre les chevalets, rester entre eux et les culasses quand les hausses sont abattues sur le radier, et par conséquent les soulever au-dessus du seuil du barrage, d'une manière qui pourrait devenir dangereuse pour les embarcations traversant cette passe.

Cependant il importe de remarquer qu'il n'y a aucun inconvénient sérieux à ce que des hausses de passe navigable puissent s'ouvrir d'elles-mêmes, car il serait facile d'enlever les corps flottants arrêtés contre leurs chevalets, de vérifier, après l'abatage, si leurs culasses sont dans la position qu'elles doivent régulièrement occuper, et dans le cas où elles n'y seraient pas, de les relever et de les recoucher ensuite.

Ces considérations ont conduit à placer l'axe de rotation d'une hausse de passe navigable, de manière que la hauteur de la culasse fût les 5/12 de la hauteur totale de la hausse au-dessus du seuil, et que celle de la volée en fût les 7/12. La longueur totale de la culasse se compose donc de ces 5/12 et de la quantité dont la hausse s'appuie contre le seuil.

Pour des hausses de 3 mètres de hauteur verticale au-dessus du seuil, cette quantité est de $0^{m}.08$; le jeu entre le pied de la hausse et le radier est de $0^{m}.02$.

En conséquence :

	mèt.
La longueur totale de la culasse est de. . . .	1.36
Et celle de la volée	1.75
Total.	3.11

Chevalet d'une hausse. — L'axe de rotation d'une hausse forme la tête du chevalet en fer dont il a déjà été sommairement question ; cette tête est accompagné de deux tourillons qui sont reçus dans des colliers en fer adaptés à la charpente de la hausse.

La hauteur totale du chevalet est égale aux 5/12 de la hauteur de la hausse au-dessus de son seuil, augmenté de la profondeur de la loge dans laquelle la hausse doit se coucher sur le radier. Pour les hausses dont il s'agit, cette profondeur est contre le seuil de $0^{m}.22$; il s'ensuit que la hauteur totale du chevalet est de $1^{m}.47$ jusqu'à l'axe de rotation, c'est-à-dire jusqu'à l'axe des tourillons de la tête. Si l'on ajoute à cette première quantité le rayon des tourillons et la hauteur des joues de l'articulation du chevalet avec l'arc-boutant, on arrive à une hauteur totale de $1^{m}.61$.

Théoriquement, le chevalet doit être vertical lorsque la hausse est debout, toute autre position augmente inutilement la longueur des pièces de fer et les pressions qu'elles subissent; toutefois, on a été amené à lui donner une petite inclinaison en arrière, afin de mieux agencer toutes les pièces entre elles. Il n'en résulte aucun inconvénient au point de vue des pressions et de l'allongement des pièces.

Le chevalet a une forme trapézoïdale ayant $0^{m}.76$ au pied et $0^{m}.45$ au sommet : ces largeurs sont la conséquence des dispositions adoptées pour la charpente de la hausse et pour les crapaudines du seuil.

Le pied du chevalet est également terminé par des tourillons qui sont reçus dans les crapaudines du seuil.

Les deux montants du chevalet sont réunis en leur milieu par une traverse en fer.

Il s'agit maintenant de faire voir que toutes les parties du chevalet ont été calculées de manière qu'elles peuvent résister aux forces qui doivent agir sur elles.

1° Lorsqu'on relève une hausse, le chevalet est soumis à une force de traction perpendiculaire à sa longueur, qui tend à faire fléchir les montants; ceux-ci ont d'équarrissage $\frac{0^m.065}{0^m.035}$, la plus grande dimension étant placée, dans le sens de la traction. Cette force n'exerce jamais une action bien puissante, car elle est contre-balancée par le poids de la hausse entière et par les pressions de l'eau d'amont. Le calcul montre qu'un effort représenté par 400 kilogrammes environ est le double de la force agissant effectivement sur le chevalet, et que la résistance atteint à peine le 1/10 de la charge de rupture admise en pratique.

2° Lorsqu'une hausse s'abat, il se développe une force d'arrachement qui tend à séparer le chevalet du seuil du radier; l'expression de cette force est de 2.200 kilogrammes environ, soit 1.100 kilogrammes par montant. On trouve que la charge par millimètre quarré est de $0^k.49$, c'est-à-dire moindre que le dixième de la charge qui peut être admise en pratique.

3° Lorsqu'une hausse, debout sur son armature, résiste aux pressions de l'eau, il se développe une force d'écrasement ou de compression qui réagit sur le chevalet, de manière qu'il supporte une charge de 1 600 kilogrammes : dans ce cas, chaque montant porte 800 kilogrammes et chaque millimètre quarré $0^k.40$ environ. Le rapport de la longueur de la pièce à la plus petite dimension étant $\frac{1.50}{0.035} = 43$, on en déduit que cette charge est la vingtième partie de ce que le chevalet pourrait supporter.

4° Chaque tourillon de la base du chevalet est projeté avec $0^m.055$ de diamètre et supporte une pression de 1 100 kilogrammes agissant à environ $0^m.05$ du pied du montant. De ces données on déduit pour la charge par millimètre quarré $0^k.33$.

En résumé, on voit que toutes les parties du chevalet ont

été projetées dans des conditions convenables de résistance, même au point de vue des chocs auxquels elles sont exposées.

Des expériences faites à l'usine de la Pique par MM. les ingénieurs ordinaires Boulé et de Lagrené, les 21 et 22 mars 1861, ont confirmé ces calculs.

Crapaudines jumelles du chevalet. — Les tourillons du pied du chevalet sont reçus dans des crapaudines en fonte, boulonnées au seuil en bois du barrage.

Ces crapaudines sont attachées sur ce seuil au moyen de deux boulons et d'une vis.

Elles sont symétriques et à coulisse.

Pour poser un chevalet, on descend, même sous l'eau, les tourillons de son pied dans les coulisses des crapaudines, puis on amène chacun d'eux dans la loge voisine de la coulisse où il doit demeurer. On glisse ensuite un long coin de bois, de manière que ses extrémités remplissent les coulisses des crapaudines.

Ce coin de bois est armé de garnitures en tôle forte, dans les parties qui doivent recevoir la pression des montants du chevalet, quand on relève la hausse.

C'est, en effet, en appuyant ces montants contre le coin qu'on limite la course du chevalet.

Cette course est intimement liée à celle de l'arc-boutant.

Pour séparer un chevalet du seuil, on enlève le coin de bois au moyen d'une pince en fer, et l'on amène les tourillons du pied du chevalet dans les coulisses : cette opération est très-facile à exécuter sous l'eau ; de nombreuses expériences l'ont prouvé.

Colliers des tourillons de la tête du chevalet. — Les tourillons de la tête du chevalet sont reçus dans deux colliers en fer attachés aux montants intermédiaires de la charpente de la hausse.

Ces colliers sont symétriques.

Ils sont attachés avec deux boulons et des vis à la charpente de la hausse.

Chacun d'eux porte en outre un arrêt qui vient s'appuyer contre le montant correspondant du chevalet quand celui-ci est debout, et quand la hausse, inclinée de l'amont vers l'aval, fait avec l'horizon un angle d'à peu près 15°; ces arrêts l'empêchent donc de s'incliner davantage.

Les expériences faites à Conflans ont fait reconnaître la nécessité de ces arrêts ; voici dans quelle circonstance :

Lorsqu'on relève une hausse, la culasse tend à s'élever et la volée à s'abaisser jusqu'à ce qu'elle ait trouvé un point d'appui sur l'arc-boutant.

Cette particularité n'a aucun inconvénient tant que la chute d'eau dans la passe navigable est faible, mais à mesure que le nombre de hausses relevées augmente, la largeur de la partie de la passe qui reste à fermer diminue, et la cataracte augmente ; l'eau pèse alors de toute la hauteur de cette cataracte contre le dessous de la culasse qui forme un véritable écran, et s'oppose au rabattement de cette culasse. On remédie à cet inconvénient, en limitant l'inclinaison que la hausse tend à prendre de l'amont vers l'aval, pendant l'opération du relèvement : les expériences faites le 14 septembre dernier au barrage de Conflans en présence de M. l'ingénieur en chef Cambuzat, ne laissent aucun doute sur l'efficacité de l'expédient, ni sur la facilité de la manœuvre : à ce barrage, les arrêts des colliers sont remplacés par de petites chaînes attachées à l'entretoise du chevalet et à la culasse.

Charpente de la hausse. — La charpente d'une hausse est un cadre composé de quatre montants, de deux chevêtres, d'une traverse et de madriers vissés dans des feuillures sur les montants.

Cette charpente est assemblée et disposée de manière que non-seulement elle résiste aux pressions et aux chocs qui s'exerceront sur elle, mais encore que la volée soit la plus légère possible.

Lorsque la hausse est debout, la culasse a deux pointe d'appui : l'axe de rotation et le seuil ; la volée, au contraire, n'en a qu'une : l'axe de rotation ; elle est donc exposée à une plus lourde charge que la culasse, toutes choses égales d'ailleurs ; ce sont donc les pièces de cette volée que l'on doit soumettre au calcul pour s'assurer de leur résistance.

Les montants ont chacun $\frac{0^{m}.14}{0^{m}.13}$ d'équarrissage vers l'axe de rotation ; ils s'amincissent en s'approchant du chevêtre de volée, et n'ont alors que $\frac{0^{m}.10}{0^{m}.13}$.

Leur charge, par centimètre quarré, n'est que de 70 kilogrammes, le dixième de la charge de rupture.

Si l'on tient compte de la résistance des bordages, ce chiffre tombe à 65 kilogrammes.

Et si l'on tient compte des colliers en fer qui les soutiennent, en supposant que ces bois ne peuvent fléchir qu'à partir de l'extrémité de ces colliers, la charge n'est plus exprimée que par 58 kilogrammes.

L'assemblage du chevêtre et des montants de la volée est consolidé par des brides en fer.

Afin de rendre la volée plus légère, on n'a donné que $1^{m}.65$ de longueur aux montants, et l'on a couronné le chevêtre par une tringle en bois soutenue par des consoles.

L'assemblage des bois de la culasse est consolidé par une bride qui entoure le pied de la culasse, sauf l'évidement de la poignée ; c'est sur cette bride solide que s'amortissent les chocs de la culasse contre le seuil.

On s'est demandé s'il n'y aurait pas quelques avantages à remplacer par de la tôle la charpente de la hausse.

L'emploi du bois procure des hausses plus légères et perdant presque tout leur poids par l'immersion, mais l'emploi de la tôle simplifie la construction des hausses, leur assure une plus grande durée et permet de leur donner moins d'épaisseur ; or cette diminution d'épaisseur peut conduire à des dispositions plus simples pour le seuil et le radier, elle affaiblit en outre l'une des forces qu'il faut vaincre pour relever une hausse ; à savoir la pression due au choc de l'eau contre le pied de la culasse.

Ainsi chaque système présente ses avantages et nous pensons que l'un ou l'autre peut être admis suivant les circonstances.

Contre-poids de la hausse. — Le moment du poids de la charpente de la culasse hors de l'eau est de 110 environ.

Celui du poids de la charpente de la volée lui est à peu près égal ; mais quand la culasse est totalement immergée, le moment de son poids est détruit par le fait même de l'immersion ; de sorte que le poids de la volée fait obstacle, dans les manœuvres, à l'abaissement de la culasse ; il était donc nécessaire de charger cette culasse d'un contre-poids. Le moment du poids de la bride et de la poignée de la culasse étant insuffisant pour contre-balancer celui du poids de la volée, on a placé 66 kilogrammes de fonte entre les montants de la hausse.

Le moment de ce contre-poids et des autres ferrures doit être d'environ 96.

Arc-boutant. — L'arc-boutant, ainsi que nous l'avons dit plus haut, est la pièce importante du système ; on a donc dû l'étudier avec grand soin.

On doit y distinguer trois parties : la tête, le corps et le pied.

La tête de l'arc-boutant est en forme de crosse et plate sur ses deux faces verticales ; son épaisseur est de $0^{m}.09$ à sa jonction avec le corps de l'arc-boutant, et de $0^{m}.12$ dans l'articulation avec le chevalet.

Cette articulation se compose de deux joues verticales, soudées sur le milieu de la tête du chevalet ; entre ces joues, pénètre la tête de l'arc-boutant ; cette tête et ces joues sont réunies par un boulon de $0^m.05$ de diamètre.

La forme des joues de l'articulation et la courbure de la tête de l'arc-boutant, sont déterminées par cette double condition :

1° Que la charpente de la hausse doit tourner sur l'axe de rotation sans jamais rencontrer l'articulation ;

2° Que la loge comprise, d'une part, entre le chevalet et l'arc-boutant couchés sur le radier dans le prolongement l'un de l'autre ; d'autre part, entre le heurtoir de l'arc-boutant et le radier, soit assez grande pour que la barre à talons puisse librement s'y mouvoir.

Le boulon de $0^m.05$ de diamètre, qui réunit les joues et la tête de l'articulation, doit être regardé comme encastré dans ces joues. La charge qu'il supporte est de 4 500 kilogrammes environ ; d'où l'on déduit que, par millimètre carré, il n'est soumis qu'à une traction de 4 kilogrammes.

La tête de l'arc-boutant est disposée de telle manière qu'elle doit se mouvoir transversalement sur ce boulon et entre les joues de l'articulation, mais dans un sens seulement, du côté de la glissière du heurtoir. A cet effet, on a évasé l'œil de la tête de l'arc-boutant, et on a placé des prisonniers qui facilitent le mouvement du côté de la glissière.

Le corps de l'arc-boutant est un cylindre de $0^m.09$ de diamètre qui porte, près de sa jonction avec le pied, une bague ou un corbeau.

Cette bague est destinée à retenir sur l'arc-boutant la gaffe dont on se sert quelquefois pour abattre une hausse. Pour exécuter cette manœuvre, l'éclusier se transporte dans un bateau en aval du barrage, saisit l'arc-boutant avec une gaffe attachée au bout d'un long manche, et le tire du côté de la glissière, dans une direction oblique au courant.

Cette opération peut devenir nécessaire quand on fait des réparations au barrage, ou quand le pied de l'arc-boutant, appuyé sur des sables amoncelés dans l'angle formé par le front et la semelle du heurtoir, s'est assez relevé pour se soustraire à l'action de la barre à talons. On constate quelquefois de pareils amoncèlements après une crue ; mais on les chasse facilement en manœuvrant les hausses de manière que le courant puisse agir directement et avec énergie, dans les endroits où ces sables se sont arrêtés ; c'est ordinairement contre les organes scellés dans le radier.

Les sables, quoique très-mobiles sur la Seine en amont de Montereau, n'ont jamais été un obstacle pour les manœuvres du barrage de Conflans ; on doit donc en conclure qu'ils ne seront pas plus gênants sur la Seine entre Montereau et Paris, où ils ont plus de stabilité.

L'arc-boutant peut être assimilé à une pièce de fer ayant une de ses extrémités encastrée et l'autre posée sur un appui. L'extrémité de l'arc-boutant est en effet presque scellé contre le heurtoir, et sa tête n'est que posée sur le chevalet ; la charge, calculée dans cette hypothèse, est de $5^{k}.90$ par millimètre carré.

L'arc-boutant est en outre comprimé, dans le sens de sa longueur, par une force dont la pression est d'environ 500 kilogrammes ; de plus, le rapport de sa longueur à son diamètre est de $\frac{270}{9} = 30$.

On conclut de ces données qu'il ne supporte que $0^{k}.77$ par millimètre carré.

L'arc-boutant n'est cependant pas trop fort, car il est exposé à des chocs et à des tractions obliques contre lesquelles on ne saurait trop se prémunir.

Le pied de l'arc-boutant est terminé en lentille allongée ; mais aplatie à son extrémité de manière qu'elle s'applique bien contre le front et la semelle du heurtoir.

L'expérience a, pour ainsi dire, déterminé la forme que l'on devait donner à cette partie de l'arc-boutant ; voici dans quelles circonstances :

Les arcs-boutants des hausses, au barrage de Conflans, sont des tiges presque cylindriques, depuis la tête jusqu'au pied; leur diamètre est de $0^m.07$.

Lorsqu'on relève les hausses de la passe navigable par une chute d'eau de $0^m.60$ à $0^m.70$, on constate que le courant qui se forme sous la hausse frappe contre l'arc-boutant avec tant de force qu'il le tient en suspension dans l'eau, et l'empêche ainsi de s'abaisser pour venir s'appuyer contre le front du heurtoir. Cet effet soumis au calcul a démontré qu'effectivement le poids de l'arc-boutant est trop faible, et qu'il reste écarté de 8° environ, de la position qu'il occuperait si son pied était appliqué contre le front et la semelle du heurtoir.

Les mêmes calculs ont indiqué qu'il faut augmenter de 10 kilogrammes environ le poids du pied de chaque arc-boutant de ce barrage pour qu'il puisse se mettre en place, malgré l'action de la force vive développée par une chute d'eau de $0^m.60$ de hauteur.

On a doublé cette quantité pour les arcs-boutants des barrages de la Seine, afin qu'il n'y eût aucun doute sur les résultats.

Le pied de l'arc-boutant est en outre taillé suivant un angle de fuite de 3° vers la glissière. Nous parlerons de cet angle lorsqu'il sera question du heurtoir.

La longueur totale de l'arc-boutant est de $2^m.70$.

C'est au reste, l'hypoténuse d'un triangle rectangle dont le petit côté est la longueur du montant du chevalet, et l'autre cette même longueur, augmentée de la largeur de la loge réservée pour la barre à talons et le pied de l'arc-boutant.

Dans cette position, l'arc-boutant fait un angle de 52° 50' avec la verticale. Cette inclinaison a été expérimentée à Conflans et a été trouvée convenable, en ce sens qu'on paraît obtenir ainsi le minimum, tant pour la longueur des pièces que pour les pressions qu'elles supportent.

Dans les expériences faites à l'usine de la Pique, et dont on a parlé plus haut, il a été constaté que les dimensions de l'arc-boutant étaient telles, qu'il pouvait résister au double des pressions qu'il doit supporter.

Heurtoir de l'arc-boutant. — Nous avons été obligé de parler plusieurs fois du heurtoir de l'arc-boutant, sans pouvoir entrer dans quelques détails au sujet de cette pièce ; nous allons en donner la description :

On a vu que l'arc-boutant devait glisser vers l'aval lorsqu'on abattait une hausse, et qu'il devait s'appuyer contre le front du heurtoir lorsqu'on la relevait ; enfin que ces mouvements devaient se faire avec une véritable précision.

A cet effet, on a construit une pièce en fonte, représentée avec détails sur les dessins.

C'est un plan incliné, de forme trapézoïdale, long de $0^m.345$, large à la base de $0^m.24$, au sommet de $0^m.10$, entouré sur les faces obliques d'oreilles de $0^m.03$ d'épaisseur et de $0^m.06$ de hauteur.

Le front de ce plan incliné a $0^m.10$ de hauteur et $0^m.12$ de largeur.

Ce front est limité d'un côté, par l'oreille du plan incliné qui se prolonge sous un angle de 45°, et de l'autre par une glissière qui, elle aussi, est garnie d'une oreille de $0^m.06$ de hauteur.

Entre l'oreille oblique du front et celle de la glissière se trouve la semelle du heurtoir ; elle s'étend jusqu'à la longrine qui porte la barre à talons ; sa largeur est de $0^m.44$.

La longueur totale de la glissière est de $1^m.52$, sa largeur n'a rien de déterminé d'une manière absolue ; cependant elle ne peut guère avoir moins de $0^m.17$, y compris l'oreille.

La forme de la glissière est courbe.

Enfin le front du plan incliné a un angle de fuite de 3° du côté de la glissière.

Le plan incliné et la glissière sont deux pièces de fonte

assemblées entre elles avec des tenons et scellées dans le radier, au moyen de pattes et de crampons.

Enfin le heurtoir est placé de manière que le milieu du plan incliné et le milieu de l'extrémité de la glissière soient sur la projection d'un plan normal à la hausse et contenant l'axe de l'arc-boutant.

Ceci posé, voici ce qui se passe quand on abat ou qu'on relève la hausse :

Lorsque l'arc-boutant est tiré dans le sens de l'angle de fuite, il glisse contre le front du heurtoir jusqu'à l'angle arrondi qui le termine ; là, il a perdu tout appui et s'échappe dans la glissière, qu'il suit en frottant contre son oreille, jusqu'à ce qu'il se soit complétement allongé sur le radier ; dans cette position, son axe est venu se superposer sur la ligne passant par le milieu de son plan incliné, et par conséquent sous l'axe même de la hausse couchée au-dessus de cet arc-boutant ; dès lors, tout est bien préparé pour que le relèvement se fasse dans de bonnes conditions ; en effet, quand on relève la hausse, le pied de l'arc-boutant tend à suivre cette ligne du milieu du plan incliné ; c'est à peine s'il se porte vers l'oreille de la glissière, ne pouvant, à cause de l'organisation même de sa tête, se porter à l'autre côté ; il y est d'ailleurs attiré par une gorge que l'on a creusée à cet effet tant dans la fonte que dans les pierres du radier ; il arrive ainsi entre les deux oreilles du plan incliné qui lui servent de guides pour le monter. Parvenu à l'extrémité de sa course, il tombe brusquement du haut du front du heurtoir sur sa semelle, et il est d'autant plus pressé contre ce front et cette semelle que la charge de l'eau sur la hausse est plus forte.

Le prolongement sous un angle de 45° de l'une des oreilles du plan incliné, empêche l'arc-boutant de se porter de ce côté, lorsque la hausse subit des chocs ou éprouve des oscillations.

Le front du heurtoir n'est pas un plan vertical ; il fait avec la semelle un angle de 107° environ. Cette disposition a été adoptée afin de réduire autant que possible l'espace que le pied de l'arc-boutant doit parcourir sur cette semelle quand il y est tombé, pour revenir s'appliquer contre le front du heurtoir, cet espace est ainsi réduit à $0^{m}.04$.

L'angle de fuite du heurtoir a été déterminé par la considération suivante :

La pression transmise par l'arc-boutant sur le heurtoir est de 4 500 kilogrammes environ.

Le coefficient du frottement pour des surfaces de fer et fonte mouillées d'eau est de 0,16 ; prenons 0,18.

La force à vaincre pour faire glisser l'arc-boutant contre le heurtoir, est donc exprimé par 810 kilogrammes.

Si le front du heurtoir avait un angle de fuite de 11° 18′ 40″, l'arc-boutant ne pourrait pas s'y maintenir, conséquemment, pour chaque degré de l'angle de fuite, la résistance diminue d'un onzième environ. Pour un angle de 3°, la résistance est réduite à 550 kilogrammes environ.

Les expériences faites au barrage de Conflans semblent avoir prouvé qu'un angle de fuite de 4° était trop grand. C'est par ce motif qu'on a adopté 3° pour les barrages de la Seine.

La semelle du heurtoir doit avoir un angle de fuite à peu près semblable, de sorte que ce front et cette semelle sont raccordés par une surface courbe.

Barre à talons. — La barre à talons est l'engin dont on se sert pour faire glisser l'arc-boutant contre le front du heurtoir et l'amener dans la glissière.

C'est une barre plate, armée d'autant de talons qu'elle doit abattre d'arcs-boutants ; on la fait mouvoir horizontalement et parallèlement au radier, dans un sens perpendiculaire aux plans de projection verticale des arcs-boutants, au moyen d'un treuil placé à l'une des rives du barrage. Dans ce treuil s'engage une crémaillère également horizontale adaptée à l'extrémité de la barre à talons.

Lorsque la largeur de la passe navigable dépasse 30 mètres, on divise généralement la barre à talons en deux parties qui sont mises bout à bout. Chacune d'elles se manœuvre en sens inverse de l'autre, au moyen d'un treuil placé, pour l'une à gauche de la passe navigable, et pour l'autre à droite. L'extrémité de chaque barre pénètre dans une loge pratiquée dans l'épaulement, ou la pile, qui limite de son côté la passe navigable.

Il y a lieu de considérer, dans la barre à talons :

1° La barre elle-même, en dehors de l'épaulement dans lequel elle s'engage ;

2° Les guides ;

3° Les supports ;

4° La partie de la barre engagée dans l'épaulement ;

5° La loge du treuil ;

6° Le treuil lui-même ;

7° Les talons de la barre et leur espacement.

Nous allons entrer dans quelques détails au sujet de chacun de ses paragraphes.

Barre et prisonniers. — § 1er. La barre à talons est portée par des galets mobiles et guidée par des tringles en fer ; ces tringles, ainsi que les supports des galets, sont vissés sur une longrine en bois attachée dans une feuillure du radier avec des goujons ; ceux-ci sont scellés dans la pierre et retenus sur le bois par des écrous.

Cette barre a 0m.08 de largeur et 0m.03 d'épaisseur du côté des arcs-boutants, elle est terminée par un chanfrein qui leur est à peu près parallèle.

Elle porte, en dessous, des prisonniers de 0m.06 de largeur et de 0m.03 d'épaisseur, qui pénètrent entre les guides ; ces prisonniers ont au moins 0m.12 de longueur.

Ils devront être plus longs s'ils servent à réunir bout à bout les parties d'une même barre.

Chaque prisonnier est percé, à sa partie inférieure, d'un trou pour recevoir une goupille, dans le cas où on croirait utile de diminuer la liberté de la barre entre ces guides.

L'assemblage des morceaux d'une même barre peut se faire par la soudure; toutefois, il est indispensable qu'en quelques endroits il soit fait de manière qu'on puisse, dans certaines circonstances, les séparer ou les réunir, par exemple, en cas de réparations.

Les deux barres d'une passe sont généralement inégales en longueur; la plus courte abat une à une les premières hausses : ces hausses sont celles qui offrent le plus de résistance, puisqu'à cette époque la dénivellation entre l'eau d'amont et l'eau d'aval du barrage est la plus grande. A mesure que le nombre des hausses abattues augmente, cette dénivellation diminue, ainsi que la résistance, la barre à talons peut alors agir, d'abord sur deux hausses à la fois, puis sur trois et même sur quatre, sans que l'éclusier fasse un plus grand effort.

On met dès lors la petite barre vers la rive la plus rapprochée du chenal suivi par les bateaux, tant en amont qu'en aval du barrage; toutefois, comme il se présentera probablement des cas où il sera nécessaire de manœuvrer en premier lieu la grande barre, on l'a disposée de manière qu'elle puisse également abattre les hausses, d'abord une à une, puis deux à deux, trois à trois..... ; seulement l'éclusier fera un effort un peu plus considérable et manœuvrera plus lentement.

Guides. — § 2. Les guides sont deux tringles de fer parallèles et horizontales, ayant 1^{m}.50 de longueur et 0^{m}.04 de diamètre; elles sont soutenues par des pattes vissées sur la longrine en bois qui porte tout le système de la barre à talons.

Ces tringles sont assez élevées au-dessus de cette longrine pour que les sables et les graviers passent par-dessous, et pour que l'on puisse dégager avec un crochet les cailloux qui s'y seraient engagés.

L'ensemble est disposé de manière que le prisonnier,

maintenu par les deux tringles d'un guide, est élevé d'un centimètre au moins au-dessus de la longrine, et que, pendant la course de la barre à talons dans un sens ou dans l'autre, il reste toujours engagé entre ces tringles.

Les guides doivent diriger la barre à talons, et non la porter; en conséquence il reste au-dessous d'elle un jeu d'environ un demi centimètre.

On met un guide à peu près tous les 4 mètres.

Galets. — § 3. La barre à talons est portée par des galets en bronze espacés entre eux de 2m.60, c'est-à-dire du double de la largeur d'une hausse.

Deux de ces galets sont toujours placés aux extrémités d'un guide, et ils sont plus élevés que lui d'au moins un demi-centimètre.

Chaque galet se compose d'un cylindre de 0m.10 de longueur et de 0m.05 de diamètre, terminé par deux tourillons portés sur des demi-colliers.

Ces demi-colliers sont en fonte et vissés sur la longrine du système.

Crémaillère de la barre. — § 4. La barre à talons pénètre de 2m.70 à très-peu près dans l'épaulement, savoir : 0m.70 dans une lumière qui conduit à la loge du treuil de manœuvre et de 2 mètres dans cette loge même.

La lumière dont il vient d'être parlé a 0m.20 de hauteur et 0m.30 de largeur. Elle est fermée, du côté du large, par une porte en tôle qui ne laisse passage qu'à la barre à talons.

Immédiatement en arrière de cette porte, est un galet vertical qui commence à diriger la barre contre le pignon du treuil.

A l'extrémité de cette barre, sont fixés en dessus, une crémaillère de 1m.40 de longueur, et au-dessous un prisonnier de même longueur. La crémaillère s'engage dans le pignon inférieur de l'arbre du treuil, et le prisonnier glisse dans un guide en fonte qui fait partie de la crapaudine du pied de l'arbre de ce treuil.

La crémaillère est pressée contre ce pignon par trois autres galets verticaux en bronze, dont deux sont montés sur la crapaudine dont il vient d'être parlé et l'autre est placé à $0^{m}.50$ de l'extrémité de la course de la barre à talons.

Enfin, deux brides s'étendent par-dessus la crémaillère pour prévenir tout soulèvement.

Cet ajustage, qui ne se compose après tout que de quatre galets, de deux brides, d'un guide et de sa coulisse, est combiné de manière que le mouvement soit toujours transmis à la barre à talons avec la plus grande régularité.

On n'a pas jugé utile, quant à présent du moins, de soutenir l'extrémité de la barre à talons par des galets horizontaux; on s'est contenté d'ajouter au dernier des galets verticaux un rebord qui s'avance assez loin sous la barre pour la soutenir dans le cas où elle tendrait à fléchir.

Loge du treuil. — § 5. La loge du treuil a généralement 2 mètres de longueur et $0^{m}.80$ de largeur. On y descend au moyen d'une échelle en fer.

Il est essentiel d'empêcher les sables de s'engager dans les engrenages, et de ménager les moyens d'épuiser cette loge avec une pompe.

Dans ce but, on a d'abord fermé, avec une petite porte en tôle, la lumière par laquelle la barre pénètre dans la loge; puis on a placé l'engrenage de la crémaillère sur une plateforme le long de laquelle est un puisard. Une pente transversale donnée à cette plateforme et un chanfrein taillé sur son bord, attirent dans ce puisard les sables agités par le mouvement de l'eau et de l'engrenage.

De temps à autre, la loge sera mise à sec pour nettoyer le puisard.

Treuil. — § 6. Le treuil, au moyen duquel le mouvement

doit être transmis à la barre à talons, se compose de deux arbres verticaux, d'une grande roue et de deux pignons; l'un commande la grande roue, l'autre la crémaillère de la barre à talons.

Les arbres sont maintenus bien verticaux par des colliers et des trépieds; les pignons et la crémaillère sont en fer; la grande roue est en fonte; les pignons ont $0^m.12$ et la grande roue 1 mètre de diamètre.

Si l'on soumet au calcul ces données, afin d'apprécier l'effort que doit faire l'éclusier pour mouvoir la barre à talons sous le maximum de charge, en supposant toutefois que l'on n'abatte les hausses que une à une, on trouve que cet effort atteindra à peine 10 kilogrammes.

L'éclusier pourrait donc abattre trois hausses à la fois.

Lorsque l'éclusier développe un effort de 10 kilogrammes sur le treuil, la barre à talons éprouve, dans le sens de la longueur, une traction qui, eu égard à l'angle de fuite du heurtoir, ne dépasse pas 700 kilogrammes; comme sa section est de 2400 millimètres quarrés, c'est à peine $0^k.30$ par millimètre quarré.

Il semble tout d'abord que cette barre est trop forte pour le travail qu'on exige d'elle, mais il ne faut pas oublier qu'elle doit avoir beaucoup de stabilité et de rigidité pour ne fléchir ni se tordre en abattant les hausses, ou en refoulant les sables et graviers qu'elle peut rencontrer sur son chemin quand on la remet en place.

Talons de la barre. — § 7. Les talons de la barre ont $0^m.10$ de saillie, $0^m.03$ d'épaisseur et 0^m06 de largeur: une courbure en forme de doucine les raccorde avec l'alignement de la barre. Ainsi projetés, ils mordent de $0^m.08$ à $0^m.09$ sur la molette de l'arc-boutant.

Course d'une barre à talons. — La course d'une barre à talons doit être plus petite que l'intervalle qui existe entre deux arcs-boutants voisins; en outre, comme cette course n'est que la somme des chemins parcourus pour chacun de ses talons, il s'ensuit que ces chemins doivent être calculés de manière que leur somme totale soit, non pas égale, mais inférieure à l'intervalle de deux arcs-boutants; il convient, en effet, de réserver un certain jeu pour le premier et le dernier arc-boutant.

Un exemple fera encore mieux comprendre cette règle :

Théoriquement, la course d'un talon qui doit dégager un arc-boutant est égale à la largeur de l'oreille située du côté de la glissière, ou à la largeur totale du front du heurtoir qui est de $0^{m}.12$ pour les barrages de la Seine. S'il s'agit du Port-à-l'Anglais, dont la passe, de $54^{m}.70$, est fermée par quarante-deux hausses, la course de la barre à talons, en supposant une seule barre, serait au moins de $42 \times 0^{m}.12 = 5^{m}.04$.

D'un autre côté, comme l'intervalle entre les axes des arcs-boutants pour le même barrage n'est que de $1^{m}.30$ et de $1^{m}.21$ seulement entre ces arcs-boutants, il s'ensuit que la manœuvre serait impossible parce qu'un talon devrait passer sous trois arcs-boutants avant d'atteindre celui qui lui correspond.

Il faut donc que la course de la barre à talons soit inférieure à $1^{m}.21$ pour les barrages de la Seine.

La solution de cet agencement a été obtenue de la manière suivante :

1° On met bout à bout deux barres qui se manœuvrent en sens inverse;

2° On réduit de $0^{m}.12$ à $0^{m}.08$ la course individuelle de chaque talon, en arrondissant l'angle du heurtoir près de la glissière, et en arrondissant également l'angle opposé du pied de l'arc-boutant;

3° On espace les talons de manière que l'on abatte une à une les premières hausses, celles qui sont les plus chargées; deux à deux celles qui le sont moins, et trois à trois celles qui le sont très-peu.

Reprenons l'exemple du barrage du Port-à-l'Anglais.

Il y a deux barres :

La petite commande.	20 hausses.
La grande commande	22 hausses.
Total ensemble. . .	42 hausses.

La petite barre abattra 7 hausses une à une :

	mèt.
Le chemin parcouru sera $7 \times 0^{m}.08$.	0.56
Elle en abattra 4 deux à deux : le chemin parcouru sera $\frac{4 \times 0^{m}.08}{2}$	0.16
Elle en abattra 9 trois à trois : le chemin parcouru sera $9 \times \frac{0^{m}.08}{3}$	0.24
Ainsi les 20 hausses seront abattues après une course totale de	0.96

Si l'on ajoute :

Pour le jeu entre le premier arc-boutant et son talon. . . . Pour l'intervalle laissé entre les abouts des deux barres. . . Pour le surplus de course du dernier talon.	0.14
On voit que l'on peut se contenter de donner à la petite barre une course de	1.10

De son côté, la grande barre abattra :

	mèt.
6 hausses une à une et parcourra $6 \times 0^{m}.08$.	0.48
4 hausses deux à deux et parcourra $4 \times \frac{0^{m}.08}{2}$	0.16
12 hausses trois à trois et parcourra $12 \times \frac{0^{m}.48}{3}$	0.32
Total.	0.96
Ajoutons pour le jeu, comme précédemment.	0.14
On a comme ci-dessus.	1.10

Intervalle entre les abouts des deux barres d'une même passe. — Il importe de démontrer maintenant que les abouts des deux barres peuvent se loger sans se nuire dans l'intervalle de $1^{m}.21$ qui se trouve entre deux arcs-boutants.

Afin de pouvoir loger ces abouts, on fait, non-seulement

manœuvrer les barres en sens inverse, mais encore de manière que si la petite barre commence à abattre l'arc-boutant de la hausse contiguë à l'épaulement de cette petite barre, la grande barre chasse le premier, l'arc-boutant le plus éloigné de l'épaulement de cette grande barre; et par conséquent le dernier, l'arc-boutant voisin de cet épaulement;

Ceci admis, supposons:

1° Les deux barres repoussées par leurs treuils respectifs, de telle sorte que l'on soit prêt à abattre les arcs-boutants;

2° Que chacun des derniers talons a $0^{m}.06$ de largeur;

3° Que le jeu entre le premier talon de la petite barre et son arc-boutant est de $0^{m}.07$, et qu'il est également de $0^{m}07$ entre le dernier talon de la grande barre et l'arc-boutant correspondant;

On trouve alors que la petite barre dépasse son dernier arc-boutant:

	mèt.	mèt.
Pour le jeu entre le premier talon et son arc-boutant, ci	0.07	
Pour 6 courses partielles de $0^{m}.08$, $6 \times 0^{m}.08$ . . . =	0.48	
Pour 4 courses partielles de $\frac{0^{m}.08}{2}$, $4 \times 0^{m}.04$ . . . =	0.16	1.01
Pour 9 courses partielles de $\frac{0^{m}.08}{3}$, $9 \times \frac{0^{m}.08}{3}$ . . . =	0.24	
Pour l'épaisseur du dernier talon.	0.06	

On trouve également que la grande barre dépasse son dernier arc-boutant:

	mèt.	
Pour le jeu entre le dernier talon et son arc-boutant. .	0.07	0.13
Pour l'épaisseur du dernier talon	0.06	
Les abouts des deux barres réunies forment donc une longueur de.		1.14
Comme l'intervalle entre deux arcs-boutants est de.		1.21
Il s'ensuit que l'intervalle entre les extrémités des deux abouts est de.		0.07

Le problème est donc complétement résolu.

Espacement des talons sur les barres. — Les talons de la petite barre, c'est-à-dire de celle qui commence par abattre la hausse la plus voisine de l'épaulement, sont à des distances variables, selon qu'ils doivent abattre les hausses une à une, deux à deux, trois à trois.

Lorsqu'ils doivent abattre les hausses une à une, ils sont espacés les uns des autres de 1m.38.

Lorsqu'ils doivent les abattre deux à deux, les talons sont réunis par groupe de deux;

Chaque groupe est séparé l'un de l'autre par une distance de 1m.38;

Mais chaque talon d'un même groupe n'est éloigné de son binaire que de 1m.30.

Lorsque les hausses doivent être abattues trois à trois, chaque groupe est composé de trois talons.

Les talons d'un même groupe sont espacés de 1m.30, mais les groupes sont à 1m.38 les uns des autres.

En général, si on suppose le premier talon de la petite barre appuyé contre son arc-boutant, et si l'on désigne par *n* la course qu'un talon doit faire alors pour devenir tangent à son arc-boutant. On trouve que les intervalles entre les talons et les arcs-boutants forment la progression suivante :

Pour les hausses abattues une à une,

$$0, \quad n, \quad 2n, \quad 3n, \quad 4n, \ldots ;$$

Pour les hausses abattues deux à deux,

$$0, \quad 0, \quad n, \quad n, \quad 2n, \quad 2n, \ldots ;$$

Pour les hausses abattues trois à trois,

$$0,0,0, \quad n,n,n, \quad 2n, \quad 2n, \quad 2n, \ldots ;$$

Sur la grande barre, ou pour mieux dire sur celle qui commence l'abatage par l'arc-boutant le plus éloigné de son épaulement, les talons sont espacés de 1m.22 et les progressions ci-dessus sont ascendantes à partir de l'about de la barre et descendantes à partir de l'épaulement.

Si l'on craint que la force d'inertie opposée par chaque arc-boutant, lorsqu'on le met en mouvement, ne devienne trop forte en attaquant simultanément deux ou trois arcs-boutants, on peut disposer les talons des groupes de manière que l'attaque soit successive. Ainsi, par exemple, dans un groupe binaire, le second talon attaquerait quand le premier aurait déjà parcouru $1/2n$; dans un groupe tertiaire, le second talon attaquerait quand le premier aurait parcouru $1/3n$.

Les progressions seraient alors :

$$0, \quad 1/2n, \quad n, \quad 2/3n, \quad 2n, \ldots ;$$
$$0, \quad 1/3n, \quad 2/3n, \quad n, \quad 3/4n, \quad 5/3n, \quad 2n, \ldots ;$$

Tout ce qui précède est applicable aux déversoirs ; toutefois, on a réduit pour eux à $0^{m}.06$ la course de chaque talon.

Dans le tableau suivant, on a indiqué, pour les douze barrages de la Seine les dispositions proposées pour l'abatage successif des hausses.

Tableau indiquant l'ordre dans lequel les hausses des barrages de la Seine seront abattues.

Numéros d'ordre.	BARRAGES.	PASSES NAVIGABLES. Largeur.	Nombre de hausses.	Barres. Numéros.	Hausses commandées.	Hausses abattues. 1 à 1.	Chemin parcouru.	2 à 2.	Chemin parcouru.	3 à 3.	Chemin parcouru.	Totaux des chemins parcourus.	DÉVERSOIRS. Largeur.	Nombre de hausses.	Barres. Numéros.	Hausses commandées.	Hausses abattues. 1 à 1.	Chemin parcouru.	2 à 2.	Chemin parcouru.	3 à 3.	Chemin parcouru.	Totaux des chemins parcourus.	Observations.
		m.	h.			h.	m.	h.	m.	h.	m.	m.	m.	h.			h.	m.	h.	m.	h.	m.	m.	
1	Port-à-l'Anglais. . .	54.70	42	1re	20	7	0.56	4	0.16	9	0.24	0.96	70.10	50	1re	25	10	0.60	6	0.18	9	0.18	0.96	(a)
				2e	22	6	0.48	4	0.16	12	0.32	0.96			2e	25	10	0.60	6	0.18	9	0.18	0.96	
2	Ablon	54.70	42	1re	20	7	0.56	4	0.16	9	0.24	0.96	70.10	50	1re	25	10	0.60	6	0.18	9	0.18	0.96	(b)
				2e	22	6	0.48	4	0.16	12	0.32	0.96			2e	25	10	0.60	6	0.18	9	0.18	0.96	
3	Evry.	50.80	39	1re	17	7	0.56	10	0.40	»	»	0.96	70.10	50	1re	25	10	0.60	6	0.18	9	0.18	0.96	
				2e	22	6	0.48	4	0.16	12	0.32	0.96			2e	25	10	0,60	6	0.18	9	0.18	0.96	
4	Le Coudray.	50.80	39	1re	17	7	0.56	10	0.40	»	»	0.96	70.10	50	1re	25	10	0.60	6	0.18	9	0.18	0.96	
				2e	22	6	0.48	4	0.16	12	0.32	0.96			2e	25	10	0.60	6	0.18	9	0.18	0.96	
5	La Citanguette. . .	49.50	38	1re	17	7	0.56	10	0.40	»	»	0.96	64.50	46	1re	21	11	0.60	10	0.30	»	»	0.96	
				2e	21	6	0.48	6	0.24	9	0.24	0.96			2e	25	10	0.60	6	0.18	9	0.18	0.96	
6	Les Vives-Eaux . .	49.50	38	1re	17	7	0.56	10	0.40	»	»	0.96	64.50	46	1re	21	11	0.60	10	0.30	»	»	0.96	
				2e	21	6	0.48	6	0.24	9	0.24	0.96			2e	25	10	0.60	6	0.18	9	0.18	0.06	
7	Melun.	65.10	50	1re	25	3	0.24	10	0.40	12	0.32	0.96	»	»	1re	»	»	»	»	»	»	»	»	(c)
				2e	25	3	0.24	10	0.40	12	0.32	0.96			2e	»	»	»	»	»	»	»	»	
8	La Cave.	45.60	35	1re	17	7	0.56	10	0.40	»	»	0.96	67.30	48	1re	23	10	0.60	10	0.30	3	0.06	0.96	(d)
				2e	18	6	0.48	12	0.48	»	»	0.96			2e	25	10	0.60	6	0.18	9	0.18	0.96	
9	Samois	2×26.10	20	1re	10	10	0.80	»	»	»	»	0.80	60.30	43	1re	21	11	0.66	10	0.30	»	»	0.96	(e)
				2e	10	10	0.80	»	»	»	»	0.80			2e	22	10	0.60	12	0.36	»	»	0.96	
10	Champagne.	45.60	35	1re	17	7	0.56	10	0.40	»	»	0.96	60.30	43	1re	21	11	0.66	10	0.30	»	»	0.96	
				2e	18	6	0.48	12	0.48	»	»	0.96			2e	22	10	0.60	12	0.36	»	»	0.96	
11	La Madeleine. . .	40.40	31	1re	15	9	0.72	6	0.24	»	»	0.96	60.30	43	1re	21	11	0.66	10	0.30	»	»	6.96	
				2e	16	8	0.64	8	0.32	»	»	0.96			2e	22	10	0.60	12	0.36	»	»	0.96	
12	Varennes.	40.40	31	1re	15	9	0.72	6	0.24	»	»	0.96	60.30	43	1re	21	11	0.66	10	0.30	»	»	0.96	
				2e	16	8	0.64	8	0.32	»	»	0.96			2e	22	10	0.60	12	0.36	»	»	0.96	

(a) La course de chaque talon est de 0^{m}.08 pour la passe navigable, et de 0^{m}.06 pour le déversoir. — (b) Le jeu réservé est de 0^{m}.14, de sorte que la course totale de chaque barre est de 1^{m}.10. (Ces deux observations générales s'appliquent à tous les barrages.) — (c) Il n'y a pas de déversoir à Melun : le barrage à fermettes actuel en tient lieu. — (d) Le déversoir de la Cave a 67^{m}.30 à cause de la disposition des lieux. — (e) La passe navigable de Samois est divisée en deux parties ayant chacune 26^{m}.10 ; pour chacune de ces travées, il y a deux barres à talons égales en longueur.

Dispositions du seuil et des hausses couchées sur le radier. — On a vu par ce qui précède, que la barre à talons, ainsi que l'articulation de l'arc-boutant et du chevalet, étaient des pièces qui, quoique simples, devaient être, autant que possible, protégées contre les chocs et les ensablements.

Dans ce but, on a disposé le seuil et les hausses de manière que ces organes délicats fussent pour ainsi dire enfermés dans un coffre, quand les hausses sont couchées sur le radier.

En premier lieu, le seuil en bois, armé d'un heurtoir en fer recourbé en cornière, protége contre les chocs, les hausses qui se trouvent un peu au-dessous de sa crête, quand elles sont couchées;

En second lieu, le seuil forme un écran qui arrête les sables dans leur marche, et s'oppose à ce qu'ils ne se glissent sous les hausses.

Il est vrai que ces sables, entraînés par le courant, montent la saillie du seuil et peuvent retomber en arrière dans l'ouverture qui reste entre ce seuil et le pied de la hausse; mais les sables qui retombent dans cette ouverture sont en petite quantité; car la force du courant pousse généralement jusque sur le bordage de la hausse ceux qui ont monté le seuil. Cependant on est forcé de remédier à cet inconvénient en réduisant cette ouverture aux dimensions strictement nécessaires pour la manœuvre; elle n'a pas 0m.10 dans sa plus grande largeur.

Lorsqu'un bateau franchit le seuil d'un barrage sur lequel il se forme toujours une petite chute, il talonne quelquefois sur la partie inférieure du radier, frappe les hausses et tend à les faire osciller soit de l'amont vers l'aval, soit en sens contraire: si ces oscillations étaient grandes, elles ne seraient pas sans danger pour la navigation et pour les organes du barrage.

On s'est efforcé de circonscrire ces oscillations dans les plus étroites limites, en agençant les pièces de telle sorte que les plus importantes ont toutes trois points d'appui; ainsi, la charpente de la hausse porte sur l'axe de rotation, l'arc-boutant, et presque sur le chevalet; le chevalet porte sur ses crapaudines, le radier et l'arc-boutant; enfin l'arc-boutant porte sur le chevalet, sur le radier, et est maintenu entre les oreilles du heurtoir.

Intervalles entre les hausses. — Les sables entraînés par-dessus le seuil du barrage roulent sur les hausses et retombent en aval.

Quelques-uns cependant tombent dans les intervalles laissés entre deux hausses. Pour les en empêcher, il eût fallu supprimer ces intervalles; mais cela est impossible tant à cause du jeu que l'on doit conserver pour la facilité de la manœuvre, que de la nécessité de laisser passer à travers le barrage une partie des eaux, afin d'alimenter en aval le lit de la rivière;

Ces intervalles ont $0^{m}.05$ de largeur au barrage de Conflans, on a porté cette largeur à $0^{m}.10$ aux autres barrages, et nous ne la croyons pas trop grande.

En effet, lorsque les eaux seront tendues en rivière, elles s'élèveront moyennement en amont à $2^{m}.40$, et en aval à $0^{m}.60$ au-dessus de l'étiage; il s'ensuit que par chaque intervalle, tant du déversoir que du barrage, il s'échappera par seconde $0^{mc}.40$.

Dès lors ce débit sera:

Aux barrages du Port-à-l'Anglais et d'Ablon, de . . . $0^{mc}.40 \times 92 = 36^{mc}.80$
Aux barrages d'Évry et du Coudray, de. . . . $0^{m}.40 \times 39 = 35^{m}.60$
Aux barrages de la Citanguette et des Vives Eaux, de. $0^{m}.40 \times 84 = 33^{m}.60$
Au barrage de Melun, comme ci-dessus, par approximation. . . . . $33^{m}.60$

Aux barrages de la Cave, de Samois et de Champagne, de. . . . . $0^m.40 \times 73 = 31^m.20$
Aux barrages de la Madeleine et de Varennes, de. . . . . $0^m.40 \times 74 = 29^m.60$

Le débit de la Seine à l'étiage paraît être :

Au Port-à-l'Anglais, de . . . . $50^{mc}.00$
A Champagne, au-dessous de l'embouchure du Loing, de. . $32^{mc}.00$
A Montereau, au-dessous de l'embouchure de l'Yonne, de. $27^{mc}.00$

Conséquemment, les intervalles ne suffiront pas au débit de la Seine pendant son étiage, si ce n'est à Varennes et à la Madeleine ; et il faudra, pour compléter ce débit, qu'il s'établisse par-dessus les hausses une lame déversante.

Cette lame aura $0^m.07$ de hauteur pour le barrage de Port-à-l'Anglais, et moins d'un centimètre au barrage de Champagne.

Si l'on reconnaît plus tard que la section de tous ces intervalles est trop grande, il sera facile de la réduire en clouant des lattes sur les faces des hausses.

C'est ainsi qu'on a réduit à $0^m.05$ les intervalles du barrage de Conflans, qui étaient primitivement de $0^m.10$.

Relèvement des hausses. — Les hausses des passes navigables se relèvent une à une, au moyen d'un treuil placé dans un bateau.

La manœuvre s'exécute ainsi :

L'éclusier, placé sur l'avant du bateau, saisit avec un crochet la poignée du pied de la hausse ; une corde attachée à ce crochet arrive sur le treuil au moyen d'une poulie de renvoi ; dès que la hausse est accrochée, on tourne le treuil ; la corde s'enroule, le pied de la hausse se soulève, le chevalet et l'arc-boutant en font autant ; peu à peu ces deux pièces arrivent dans la position qu'elles doivent occuper pour que le support de l'axe de rotation soit construit ; la hausse est alors suspendue à peu près horizontalement sur cet axe, le contre-poids ou une légère pesée fait baisser la culasse, la pression de l'eau en agissant sur elle de plus en plus tend à la chasser contre le seuil ; mais on modère son mouvement, en déroulant doucement la corde du crochet ; enfin la culasse s'appuie contre le seuil et la hausse est debout ; on détache alors le crochet de la poignée de la culasse et on vérifie si l'arc-boutant de la hausse est bien contre son heurtoir.

Ce n'est qu'après toutes ces opérations qu'une hausse est véritablement dressée ; à Conflans, elles durent moins de deux minutes pour une hausse de 1m,10 de largeur. Nous ne pensons pas qu'elles soient beaucoup plus longues pour les barrages de la Seine.

Le relèvement des hausses dont on vient de décrire sommairement la manœuvre, se décompose en plusieurs opérations successives que nous allons indiquer :

1° Gréement du bateau ;

2° Ancrage et mise en place du bâteau ;

3° Accrochement du pied de la hausse et relèvement des hausses ;

4° Vérification de la mise en place des arcs-boutants des hausses.

Gréement du bateau. — § 1er. Le bateau doit être solide et assez grand pour que les ouvriers puissent s'y mouvoir à l'aise ; il doit porter tous les outils nécessaires à la manœuvre, et des pièces de rechange pour les cas urgents.

Il est en chêne et bien bordé ;

Sa largeur entre les bordages est de 2m.20 ;

Sa longueur de 8 mètres, y compris son avant dont le pont a 2 mètres de longueur.

On a placé en un endroit du bateau, et de manière à augmenter sa stabilité, un treuil composé d'un tambour, de deux grandes roues, des deux pignons et de la manivelle.

Les roues sont de même grandeur; elles ont 0m.60 de diamètre.

Ce treuil est muni d'un cliquet, pour l'arrêter à un moment quelconque, et d'un déclic pour dérouler la corde de traction quand la culasse de la hausse s'abaisse ; on modère sa vitesse avec un frein, ou avec la manivelle.

Le bateau porte sur son arrière un crochet et un anneau en fer qui servent à attacher la corde d'amarre.

Cette corde a des boucles espacées entre elles de la largeur d'une hausse et de son entre-deux : cet espacement est de 1m.30 pour les hausses des passes navigables, et de 1m.40 pour les hausses des déversoirs.

Cette corde à nœuds ne doit jamais quitter le bateau.

Le bateau porte sur son avant une large poulie dont l'axe est vertical et la gorge horizontale; elle est accompagnée de ses supports et de deux rouleaux, l'un horizontal, l'autre vertical, qui servent à maintenir la corde de traction sur la gorge de la poulie dans une direction convenable, malgré l'obliquité sous laquelle elle travaille.

Cette poulie fixe peut être remplacée par une poulie douée d'une mobilité telle qu'elle se place d'elle-même dans la direction de la traction.

Près de cette poulie est placé en complète liberté le crochet de manœuvre ajusté à une béquille en bois.

La corde de traction attachée à ce crochet passe sur la poulie et vient s'accrocher au tambour du treuil.

Écrans. — Sur le côté du bateau contigu aux hausses pendant la manœuvre, on a ajouté deux écrans dont l'office est de maintenir le bateau parallèlement aux hausses, et deux clefs en forme de T pour l'amarrer aux hausses déjà levées.

L'un des écrans est placé près de l'avant du bateau, l'autre à l'arrière.

L'un et l'autre sont à claire-voie ; sans cette précaution, le courant qui se développe le long des hausses levées et qui devient d'autant plus fort que le nombre de ces hausses augmente, pousserait le bateau dans la partie de la passe qu'il s'agit de fermer.

Chaque écran est donc formé d'un châssis en fer, et muni à l'avant d'un tampon en bois qui vient s'appuyer sur une des hausses, quand le bateau tend à s'en rapprocher.

Ce tampon est assez long pour que le point d'appui qu'il procure au bateau sur les hausses levées soit au-dessous de leur axe de rotation.

Enfin, chaque écran est attaché au bateau avec des gonds à clavette, de sorte qu'on peut l'enlever ou le replier contre le flanc du bateau.

Ces écrans portent une espèce de pont de service mobile, soit horizontal, soit à escaliers, sur lequel l'éclusier monte pour examiner la hausse du côté d'aval et vérifier la position de son arc-boutant.

Clefs. — Les clefs sont placées près du treuil, à portée de l'ouvrier qui le manœuvre.

L'une d'elles est posée sur le bordage, dans une sorte de chape qui s'ouvre et se ferme à volonté.

Cette pièce est une tringle de fer ayant à un bout une poignée et à l'autre un T.

La seconde clef, placée au-dessous de la première, traverse une douille ménagée dans le bordage du bateau; elle est composée de deux parties que l'on réunit en les vissant.

La première sert quand les eaux sont basses ou moyennes, la seconde quand elles sont élevées.

Il y a, pour les mêmes cas, deux espèces d'écrans : les plus petits servent pour les eaux basses et moyennes, les autres pour les eaux élevées.

Outre ces pièces, le bateau contient encore : une double corde et deux crochets de traction, une ancre à jet, des crocs, des gaffes, une boîte à graisse, des marteaux, des tourne-vis, etc., etc., en un mot tous les agrès et outils dont on peut avoir besoin dans un cas pressant.

Ancrage du bateau. — § 2. Le bateau doit être examiné dans trois positions :

1° Quand il n'est pas de service;

2° Quand on s'en sert pour lever les premières hausses ;

3° Quand on lève les hausses éloignées des bords de la passe navigable.

1. Quand le bateau n'est pas de service, il est amarré et cadenassé dans une gare contiguë à un épaulement; tous les agrès y sont renfermés ou enchaînés. Pendant les crues de l'hiver, le bateau est recouvert d'une bâche.

La gare est assez grande pour contenir deux bateaux semblables et des batelets de service.

2. Lorsqu'il s'agit de relever les premières hausses d'une passe navigable, on doit distinguer deux cas : en premier lieu, quand ces hausses sont près d'un épaulement contigu à la gare; en second lieu, quand elles sont contre la pile située entre la passe navigable et le déversoir.

Dans le premier cas, on place le bateau parallèlement au mur en retour de l'épaulement contigu à la gare. Des organeaux, distant entre eux de la largeur d'une hausse, sont scellés dans le mur; on y amarre le bateau de manière que son avant dépasse d'une demi-largeur de hausse leparement du large de cet épaulement, et qu'il y ait, entre le bateau et les hausses, tout l'espace dont celles-ci ont besoin pour pouvoir se relever et tourner sur leurs axes : c'est au moyen de tampons scellés, s'il y a lieu, contre le mur en retour que l'on ménage cet espace.

Aussitôt que la première hausse est mise en place, on fait avancer le bateau de la largeur d'une hausse pour que son avant corresponde au milieu de la seconde hausse; on l'amarre comme on vient de le dire, et l'on relève cette deuxième hausse.

La même manœuvre se continue ainsi jusqu'à ce que le

bateau soit assez sorti de la gare pour qu'il devienne nécessaire de lui créer un point d'appui vers son avant ; on déploie alors le premier des écrans qu'il porte sur son flanc : c'est la seule opération introduite dans la manœuvre, qui se poursuit jusqu'à ce que l'arrière du bateau ait dépassé le parement du large de l'épaulement.

Lorsque les hausses à relever sont du côté de la pile qui sépare la passe navigable du déversoir, on amène le bateau contre l'avant-bec de la pile que l'on a faite, à dessin rectangulaire, et que l'on armera d'organeaux et de tampons, comme le mur en retour de l'épaulement, et dans le même but.

Le reste de la manœuvre est semblable à celle qui vient d'être décrite.

Si l'on craint que le courant des eaux passant sur le déversoir ne nuise à la stabilité du bateau, on lève les hausses de ce déversoir qui sont les plus voisines de la pile, avant d'opérer sur celles de la passe navigable.

Il peut se présenter des circonstances dans lesquelles il devienne nécessaire de lever les premières hausses d'un barrage, sans que l'on puisse prendre des points d'appui, pour le bateau de manœuvre, sur le mur en retour de l'épaulement ou sur l'avant-bec d'une pile, on est alors obligé de se créer artificiellement une série de points d'appui.

L'expédient qui nous paraît le plus simple est celui-ci :

On fait flotter, à une distance convenable du barrage et en amont, une forte pièce en bois de sapin de 10 à 12 mètres de longueur ; son pied porte un anneau qui peut glisser dans une tringle en fer solidement attachée à la rive ou au perré voisin des hausses à relever ; cette tringle est dans un plan vertical parallèle au barrage. La tête de la pièce de bois est attachée à un câble que l'on amarre sur un pieu ou un organeau scellé sur le rivage ; enfin, des crochets, distants entre eux de la largeur d'une hausse, sont enfoncés dans ce flotteur.

Avec un pareil engin, la manœuvre s'exécuterait de la manière suivante :

1° On place cette pièce de bois dans une direction parallèle au barrage et on l'amarre solidement, dans cette position, au moyen du câble que porte sa tête, car son pied est fixé à la tringle dans laquelle il monte ou descend, selon la hauteur des eaux en rivière ;

2° On amène le bateau de manœuvre et l'on attache son arrière aux crochets qui correspondent à la première des hausses à relever, de telle sorte que la poulie de l'avant du bateau soit vis-à-vis du milieu de cette hausse ;

3° On accroche le pied de la hausse et on la relève ;

4° On fait ensuite avancer le bateau de la largeur d'une hausse en attachant son arrière à d'autres crochets ; et on opère pour la deuxième hausse comme pour la première, etc ;

5° Quand on est arrivé à l'extrémité du flotteur, on a relevé assez de hausses pour que le bateau de manœuvre puisse venir prendre sur elles ses points d'appui dans toute sa longueur ;

6° On détache alors le bateau que l'on conduit vers les hausses, et on ramène le flotteur parallèlement à la berge.

3. Dès que l'on a relevé six ou sept hausses en prenant ses points d'appui, pour le bateau, sur l'épaulement, la pile ou un flotteur, on est obligé, pour continuer la manœuvre, de s'appuyer sur les hausses déjà levées.

A cet effet, on place et on ancre le bateau de la manière suivante :

1° On le met parallèlement aux hausses et par conséquent perpendiculaire au courant ;

2° On déploie les écrans d'amont et d'arrière qui le maintiennent toujours dans cette situation. Ces écrans ont une longueur telle que les hausses peuvent, malgré la présence du bateau, se relever et tourner sur leurs axes ;

3° Enfin on dirige, dans l'intervalle ménagé entre deux hausses, et au-dessus des axes de rotation, la clef à T, de manière que la tête du T soit verticale ; quand la clef est entrée, on la tourne jusqu'à ce que cette tête soit horizontale.

Ces premières dispositions prises, si l'on accroche le pied de la hausse et si l'on manœuvre le treuil sur lequel s'accroche la corde de traction, il se développe immédiatement une force qui tend à porter la tête du bateau contre les hausses ; mais l'écran de l'avant le maintient en s'appuyant contre elles.

Si, pendant l'opération, le crochet de traction ou sa corde venait à casser, l'arrière du bateau, dans son mouvement de recul, viendrait heurter les hausses, mais l'écran d'arrière prévient ce choc en appuyant sur l'une des hausses avant que le recul ait lancé le bateau.

Enfin que la force de traction, modifiée dans son action par les écrans, tende à faire avancer le bateau parallèlement au barrage, du côté des hausses à lever ; la clef du T oppose alors sa résistance et retient le bateau.

Tout étant ainsi prévu et convenablement calculé, la manœuvre s'exécute régulièrement ; la hausse se relève et se met en place.

On passe alors à la hausse voisine, en avançant le bateau d'une largeur de hausse et en l'amarrant avec la clef et les écrans, comme on vient de le dire.

Accrochement du pied de la hausse et relèvement des hausses. — § 3. Lorsque le bateau est bien en place, l'éclusier plonge à fond d'eau le crochet de traction et saisit la poignée de la hausse.

Cette opération s'exécute facilement ; il suffit, en effet, de jeter le crochet en avant sur le dos de la hausse et de le ramener en arrière ; dans ce trajet, le crochet tombe nécessairement dans l'évidement du chevêtre où se trouve la poignée et s'y cramponne.

Cette poignée est longue, placée au milieu du pied de la hausse, fixée à ses deux extrémités par des boulons, et en son milieu par un champignon vissé sur la charpente ; de plus, on lui a donné une légère courbure afin qu'elle soit facile à saisir, et que, pendant la traction, le crochet de la béquille de manœuvre soit forcément ramené contre le champignon, c'est-à-dire au milieu de la hausse.

Quand la hausse est dressée, l'éclusier détache le crochet en l'enfonçant d'abord jusqu'à ce qu'il touche le radier, et ensuite en le retournant d'équerre à sa position première, de façon que le bout du crochet, de perpendiculaire qu'il était à la poignée de la hausse, lui devienne parallèle, et soit par conséquent facile à retirer.

Chaînes de traction. — L'emploi du crochet de traction est très-facile, tant que la cataracte n'est pas trop élevée ; mais dès qu'elle dépasse $0^{m}.50$, elle agit sur le crochet et le soulève assez pour que l'éclusier soit obligé de déployer une certaine force afin de le faire plonger jusqu'à la poignée de la hausse. Si la cataracte à $0^{m}.60$ ou $0^{m}.70$ de chute, l'éclusier ne réussit pas toujours à saisir du premier coup la poignée de la hausse ; souvent il est obligé de renouveler ses efforts, ou d'employer des crochets plus lourds.

On a eu recours, dans ce cas, au barrage de Conflans, à un expédient qui a très-bien réussi, et dont la description a déjà été donnée dans les *Annales des ponts et chaussées* de 1859 ; nous la reproduisons en partie.

Les hausses sont attachées entre elles par des chaînes, de telle sorte qu'une hausse quelconque porte, à la poignée de son pied, le bout d'une chaîne, et sur sa tête, le bout de la chaîne suivante.

Supposons donc une hausse levée, et donnons-lui le n° 1. Elle apporte sur sa tête la chaîne attachée au pied de la hausse suivante (le n° 2) ; quand ce n° 2 sera levé, il apportera la chaîne attachée au pied du n° 3, et ainsi de suite.

Ceci admis, l'éclusier détache du n° 1 la chaîne du n° 2 et la fixe au câble de traction ; on tourne le treuil ; le n° 2 se lève, se met debout, et apporte la chaîne du n° 3.

Une fois le n° 2 en place, l'éclusier détache sa chaîne de la corde de traction et la rattache au n° 1 ; il avance son bateau et relève le n° 3 comme il vient de relever le n° 2.

On pouvait craindre, tout d'abord, que ces chaînes ne vinssent à s'engager d'une manière fâcheuse dans la barre à talons et ses organes ; mais l'expérience a prouvé qu'il n'en était pas ainsi ; on peut, au reste, au moyen de petits crampons fixés sur le bord des hausses, empêcher les chaînes de glisser vers les entre-deux.

La force que l'on développe pour relever une hausse part du treuil, passe sur la poulie de l'avant du bateau et se dirige obliquement vers la hausse. Elle se divise, dans ce changement de direction, en deux composantes, dont l'une est détruite par la résistance du bateau de manœuvre et dont l'autre agit sur la hausse. Cette composante se divise elle-même en deux autres, dont l'une tend à soulever la hausse et l'autre à la tirer en arrière. Selon que le bateau est plus ou moins éloigné de la hausse, cette dernière force est plus ou moins grande. En effet, plus les eaux sont élevées en rivière, plus le bateau, qui est tenu à distance des hausses par les écrans, tend, pour une même longueur d'écran, à se rapprocher de la projection horizontale de la hausse à lever et plus la force qui tire la hausse en arrière s'amoindrit ; dans certains cas, elle peut même être nulle.

Dimensions des écrans. — Il est donc très-important de calculer la longueur des écrans de manière que l'une et l'autre de ces dernières composantes puissent agir avec efficacité.

Si ces écrans sont trop longs et les eaux trop basses, la force de soulèvement est faible ; s'ils sont trop courts, la force de traction en arrière l'est à son tour.

Lorsqu'on n'a que des écrans d'une même longueur, il vaut mieux qu'ils soient trop longs que trop courts.

En résumé, nous croyons que des écrans d'un mètre de

longueur seront suffisants pour les barrages de la Seine à l'époque des eaux basses ou moyennes, et qu'il faudra leur donner 1m.30 lorsque les eaux seront plus élevées.

Vérification de la mise en place des arcs-boutants des hausses. — § 4. Lorsqu'on lève une hausse, le pied de son arc-boutant monte le plan incliné et vient tomber contre le front du heurtoir; généralement, les choses se passent de telle sorte que l'axe de l'arc-boutant s'appuie contre le milieu de ce front; il arrive cependant quelquefois que l'arc-boutant est dévié de cette position, soit à cause de l'obliquité de l'amarrage du bateau de manœuvre sur la hausse, soit à cause des pressions ou des chocs des écrans.

Voici l'explication de ces déviations

1° Lorsque la traction se fait exactement dans la direction du milieu de la hausse (celle-ci étant d'ailleurs bien d'équerre sur son axe de rotation), l'arc-boutant arrive à sa place avec toute la régularité désirable; mais si la traction, par suite d'une cause ou d'une autre, est un peu oblique à cette direction, l'arc-boutant fouette en quittant les oreilles du plan incliné et tend à se porter, soit à droite, soit à gauche du milieu du front du heurtoir. S'il se porte du côté de l'oreille du heurtoir prolongée à 45°, il est ramené par elle dans sa position normale; s'il s'est porté au contraire, du côté de la glissière, il peut s'arrêter sur le bord du front et s'en détacher sous le moindre choc ou la plus petite pression.

2° Le même effet peut se produire encore pour les oscillations que la clef à T et les deux écrans impriment à la hausse pendant la manœuvre du relèvement.

Ces oscillations sont assez marquées pour les premières hausses ; mais elles diminuent à mesure que la pression de l'eau agit sur ces hausses, et elles cessent complétement dès que ces pressions sont le résultat d'une chute d'eau de 0m.12 à 0m.15 de hauteur.

Il importe donc de s'assurer de la position des arcs-boutants, et de la rectifier au besoin. A cet effet, l'éclusier monte sur le pont de service et vérifie, au moyen d'une gaffe et par-dessus la hausse, la position de l'arc-boutant; quand il le trouve trop rapproché de la glissière, il le repousse dans le sens opposé à l'aide de cette gaffe dont il se sert, comme d'un levier, en l'engageant sous l'arc-boutant.

Quoique l'éclusier ne soit pas commodément placé et qu'il se serve d'un instrument dont le manche est flexible, cette opération s'exécute facilement et sans un bien grand effort, tant que la hauteur de la retenue déjà produite par les hausses ne dépasse pas 0m.20; au delà, l'opération est inutile, car l'arc-boutant, ramené dans une direction convenable par le courant qui s'établit sous la hausse pendant le relèvement, tombe généralement bien, et les oscillations qui pourraient lui faire quitter sa position ne se reproduisent pas.

En résumé, il importe donc de vérifier et de rectifier la position des arcs-boutants, surtout pour les premières hausses.

Quand les arcs-boutants sont bien en place, les volées des hausses doivent se trouver sur le même alignement; s'il n'en est pas ainsi, c'est un avertissement pour l'éclusier que le barrage est mal relevé, et il doit le redresser. Il est arrivé quelquefois à Conflans que l'éclusier abattait tout le barrage plutôt que de laisser subsister la moindre irrégularité dans l'alignement des hausses.

Lorsque, malgré toutes les précautions que nous venons d'indiquer, un arc-boutant s'échappe et que sa hausse tombe, l'éclusier ramène le bateau et la relève. Cette circonstance ne fait naître ni complications ni dangers.

Calcul des résistances et des effets produits pendant le relèvement des hausses. — Les forces qui s'opposent au relèvement des hausses sont :

1° Le poids du chevalet;

2° Celui de l'arc-boutant;

3° Le poids des ferrures de la culasse de la hausse;

4° Le poids de la charpente de la hausse selon qu'elle est plus ou moins immergée ;

5° La force vive qui agit sur l'about du pied de la hausse, et qui croît avec la hauteur de la cataracte ;

6° La force vive qui agit sur la hausse, notamment sous la culasse ;

7° Le poids de la chute d'eau qui tombe sur la culasse de la hausse, et la force vive qui résulte de cette chute.

Nous avons introduit toutes ces forces dans une formule dont on a fait l'application au barrage de Conflans : nous avons trouvé successivement pour ce barrage :

1° Que l'effort développé par l'éclusier au moyen du treuil gréé pour la manœuvre était exprimé par 40 kilogrammes quand il n'y a pas de chute d'eau ;

2° Que le même effort l'était par 105 kilogrammes pour une chute d'eau de $0^{m}.50$.

Comme ces résultats sont assez d'accord avec l'expérience, nous en avons conclu que la formule est suffisamment exacte, et nous en avons fait l'application à des barrages de 3 mètres de hauteur.

Pour ces barrages, l'engrenage du treuil est composé de deux grandes roues de $0^{m}.60$ de diamètre, de deux pignons ayant $0^{m}.12$, d'un tambour de $0^{m}.30$ et d'une manivelle.

Les calculs ont donné les résultats suivants :

Quand il n'y aura pas de chute d'eau, l'effort développé par l'éclusier sera exprimé par $11^{k}.83$.

Lorsque la chute d'eau s'élèvera à $0^{m}.60$ de hauteur, l'effort développé par l'éclusier ne dépassera pas 30 kilogrammes.

CHAPITRE III.

HAUSSES AUTOMOBILES.

Propriétés des hausses automobiles. — Les hausses automobiles doivent être employées pour couronner des déversoirs, parce que l'amoncèlement des herbages ou des corps flottants contre les chevalets est sans importance pour un déversoir sur lequel les bateaux ne passent pas.

Les hausses automobiles ne diffèrent pas, quant à la forme, des hausses non automobiles; c'est toujours, pour chaque hausse, un cadre en charpente susceptible de tourner sur un axe horizontal; cet axe peut être appuyé sur des supports fixes, ou sur un chevalet et un arc-boutant mobile, tous deux établis d'après les bases adoptées pour les passes navigables.

Ces hausses automobiles ont deux propriétés essentielles : celles de s'ouvrir d'elles-mêmes en tournant sur leur axe de rotation quand les eaux d'amont ont atteint une certaine élévation, et de se redresser également d'elles-mêmes en tournant en sens inverse sur leur axe, quand la différence de niveau entre les eaux d'amont et d'aval, ou plus simplement leur dénivellation, s'est réduite à une certaine hauteur.

Toutefois cette dernière propriété pourrait avoir, lorsqu'il s'agit de fermer les passes navigables, des inconvénients d'une certaine gravité, si elle n'était pas modérée par un expédient dont il sera parlé ci-après. En effet, si les hausses automobiles des déversoirs se redressaient toutes à mesure qu'on les relève, elles réduiraient si vite et à de telles proportions le passage des eaux, que la cataracte grandirait rapidement et rendrait très-pénible le relèvement des hausses des passes navigables.

Il n'est donc pas sans importance de faire observer que si les déversoirs à hausses automobiles sont utiles pour l'écoulement des crues subites, ils ne le sont pas moins pour la manœuvre des passes navigables qui peuvent leur être accolées. Nous insistons sur ce point, parce qu'on ne paraît pas avoir assez fait attention à cette utilité des déversoirs.

Déversoirs sur lesquels des hausses automobiles peuvent être placées. — Rien ne s'oppose à ce que des hausses automobiles soient placées sur tous les déversoirs, quel que soit le mode de leur construction, puisqu'elles peuvent être soutenues par des supports fixes : ces supports fussent-ils d'ailleurs mobiles, il n'est pas indispensable de se servir de barres à talons pour les abattre, à moins que la hauteur des hausses ne dépasse 2 mètres : ainsi les hausses automobiles du barrage de Conflans, qui ont 1m.30 de hauteur, s'abattent à la main. La seule condition à remplir lorsque les hausses sont placées sur un déversoir quelconque, c'est que l'axe de rotation reste à peu près horizontal : la même condition doit être observée pour les pieds des chevalets, quand les supports sont mobiles.

Nous avons donc lieu de croire qu'on pourrait placer avec avantage des hausses automobiles sur les déversoirs généralement assez irréguliers des usines, et des expériences faites à Montereau, près du barrage de Courbeton, nous ont confirmé dans cette pensée.

Déversoirs des barrages de la Seine. — Les déversoirs accolés aux passes navigables des barrages de la Seine se composent d'un coffrage en charpente dans lequel on a coulé un massif de béton ; ce massif est recouvert d'un pavage en moellon.

Mais comme ce massif pourrait subir, avec le temps, des tassements ou des dislocations nuisibles aux mouvements des parties mobiles, celles-ci portent, au moyen de fortes traverses et du seuil, sur une ligne intermédiaire de pieux enfoncés au refus dans le sol.

Ces dispositions adoptées pour le barrage de Conflans ont bien réussi, quoique le béton y eût été remplacé en partie par un mélange de pierres cassées et de gravier.

Nous avons fait voir dans le premier chapitre que toutes les charpentes opposaient une résistance énergique aux forces d'arrachement et de glissement qui se développent sous la pression de l'eau, et, en outre, que leur assemblage avait l'avantage de permettre de poser les parties mobiles avant de battre les palplanches et de couler le béton, par conséquent à l'époque où le débouché n'a pas encore subi de rétrécissement qui puisse produire dans le niveau des eaux un remous préjudiciable à l'exécution des travaux. Il sera donc toujours possible, en choisissant son temps, de construire sans épuisements ces espèces de déversoirs.

Détails sommaires sur les organes des hausses automobiles. — La hausse bat contre un seuil assemblé avec les traverses au moyen d'équerres en fer, d'un heurtoir en fer à cornières, et de longues pattes en fer ; toutes ces pièces sont fixées par des vis dans le bois.

Chaque traverse porte, également vissés sur le bois, un heurtoir et une glissière.

Trois traverses consécutives portent en outre, l'une un guide pour la barre à talons, et les deux autres chacune un galet ; de sorte que l'on a alternativement un guide et deux galets.

Chaque prisonnier de la barre à talons a 1m.20 de longueur, afin qu'il ne sorte jamais de son guide pendant la course de la barre à talons, qui n'est que de 1m.10. Un guide n'a, en longueur, que la largeur d'une traverse.

Les colliers de la base du chevalet sont vissés sur la partie inférieure du sol et glissés sous la partie supérieure.

Les arcs-boutants, les chevalets et les colliers de la hausse sont semblables à ceux des passes navigables.

Les articulations peuvent être faites de manière que les deux joues latérales soient soudées sur l'arc-boutant ou sur le chevalet ; nous préférons qu'elles le soient sur le chevalet, parce que le boulon de réunion fatigue moins.

Les dimensions des ferrures sont plus petites que celles des passes navigables, parce que les charges à supporter sont beaucoup moindres. En effet, les pressions produites par l'eau sont en raison directe du carré des hauteurs, et leurs moments en raison des cubes des mêmes hauteurs ; si donc les pressions, pour les passes navigables de la Seine, sont représentées par 9 et leurs moments par 27, les pressions pour les déversoirs le seront par 4 et leurs moments par 8.

D'un autre côté, si, pour les passes navigables, les chevalets ont 1^{m}.47 de hauteur entre la base et l'axe de rotation, et les arcs-boutants 2^{m}.70 de longueur, pour les déversoirs, les chevalets n'ont que 0^{m}.69 de hauteur et les arcs-boutants 1^{m}.55 de longueur.

Néanmoins, nous avons donné aux arcs-boutants 0^{m}.06 de diamètre, et aux montants des chevalets $\frac{0^{m}.05}{0^{m}.04}$ d'équarrissage à cause des chocs que ces pièces ont à supporter quand les hausses basculent ou se redressent d'elles-mêmes.

Détermination de la hauteur des chevalets des hausses automobiles. — Si l'on suppose : 1° que l'axe de rotation d'une hausse est situé au tiers de sa hauteur ; 2° que les moments des poids de la culasse et de la volée se font équilibre ; 3° que l'eau d'amont agit seule sur la hausse, cette hausse se renversera de l'amont vers l'aval en tournant sur son axe de rotation, dès que le niveau de l'eau affleurera la tête de la volée.

Pour que l'expérience vienne confirmer ce que le calcul indique, il faut tout d'abord équilibrer les moments des poids de la volée et de la culasse.

Si ces deux parties de la hausse étaient des rectangles de

même largeur et de même épaisseur, et la hauteur de la volée double de celle de la culasse, il faudrait, pour que l'équilibre fût obtenu, que la densité de celle-ci fût quatre fois celle de la volée, et cinq fois en tenant compte de l'immersion ; la culasse deviendrait alors extrêmement pesante.

Mais on peut arriver au même but d'une manière moins défavorable ; pour cela il suffit :

1° De diminuer la volée en l'amincissant depuis l'axe de rotation jusqu'à son chevêtre ;

2° D'éloigner le plus possible le centre de gravité de la culasse de l'axe de rotation ;

3° De placer l'axe de rotation de quelques centimètres au-dessus du tiers de la hauteur de la hausse ;

4° Enfin, de donner à la culasse un peu plus de largeur qu'à la volée, si on le juge nécessaire.

Pour les hausses des déversoirs de la Seine, on s'est contenté d'amincir la volée, de charger la culasse d'un contrepoids et de remonter un peu l'axe de rotation.

Ces dispositions ont suffi pour obtenir l'équilibre que l'on cherchait ; c'est ce qui résulte des considérations suivantes :

L'épaisseur des montants de la volée qui est de 0m.12 vers l'axe de rotation, se réduit à 0m.09 seulement près du chevêtre ; celle des bordages est de 0m.03. L'axe de rotation est placé à 0m.71 du pied de la culasse et à 1m.29 de la tête de la volée. De ces dispositions, il résulte en premier lieu que le moment de la volée est exprimé par 86 environ, hors de l'eau.

En second lieu :

Que le moment de la culasse hors de l'eau n'est que d'environ	54
Mais si on lui ajoute un contre-poids de 130 kilogrammes environ, on augmente son moment de.	72
Hors de l'eau, le moment de la culasse est donc	126

Et dans l'eau 86 ; c'est-à-dire qu'il est égal au moment de la volée hors de l'eau.

Détermination de la hauteur de la lame déversante sous laquelle s'ouvriront les hausses. — Les modifications que cet arrangement produira dans le mouvement de bascule peuvent être appréciés ainsi, à l'aide des formules que nous avons calculées pour les barrages à hausses :

	mèt.
1° L'axe de rotation étant élevé de $0^m.05$ au-dessus du tiers de la hauteur de la hausse, l'eau devra déverser par-dessus de $0^m.09$ pour la faire basculer, ci.	0.09
2° Le poids de la hausse opposera au mouvement de bascule une résistance qui ne pourra être vaincue que par une augmentation dans la lame déversante de.	0.03
3° Les frottements sur l'axe de rotation exigeront une nouvelle augmentation d'environ.	0.02
De sorte que les hausses des déversoirs des barrages de la Seine s'ouvriront d'elles-mêmes quand la lame déversante aura atteint une hauteur d'environ.	0.14

Des dispositions analogues à celles qui précèdent ont été adoptées pour le déversoir de Conflans, et l'on sait, ainsi que l'ont constaté de nombreuses expériences, que les hausses s'ouvrent d'elles-mêmes, dès que la hauteur de la lame déversante atteint $0^m.10$.

L'épaisseur de cette lame, qui correspond à l'ouverture spontanée du barrage de Conflans, est presque indépendante de la hauteur d'eau à l'aval du barrage, tant que cette hauteur ne dépasse pas $0^m.75$ au-dessus de l'étiage (voir les *Annales* de 1859). C'est qu'en effet, pour de pareilles hauteurs, la pression exercée sur la culasse est très-faible puisqu'elle n'est due, déduction faite de la hauteur du seuil du déversoir au dessus de l'étiage, qu'à une colonne d'eau de $0^m.25$.

Les barrages de la Seine sont classés de manière que le mouillage sur le busc d'une écluse quelconque soit d'au moins $1^m.60$; conséquemment les barrages seront ouverts dès que la rivière aura naturellement ce mouillage, c'est-à-dire dès que les eaux s'élèveront à un mètre au-dessus de l'étiage. Comme, d'un autre côté, les seuils des passes navigables sont arasés à $0^m.60$ en contre-bas de l'étiage, et que ceux des déversoirs le sont à $0^m.50$ au-dessus, on en conclut que l'eau d'aval ne s'élèvera ordinairement que de $0^m.50$ environ en aval des hausses du déversoir. Cette hauteur n'est pas assez grande pour altérer notablement les calculs qui précèdent sur la hauteur de la lame déversante ; toutefois, les éléments de cette hauteur, qui ne sont que des approximations, devront être vérifiés par expériences ou calculés dans chaque cas particulier, et peut-être faudra-t-il modifier le contre-poids et changer un peu la position de l'axe de rotation pour les obtenir.

Une autre série d'expériences a fait connaître que les hausses du barrage de Conflans s'ouvraient encore d'elles-mêmes (les eaux étant grandes tant à l'amont qu'à l'aval du barrage) quand il n'y avait entre leurs niveaux qu'une différence de 7 à 9 centimètres; de sorte que ces hausses, abandonnées à elles-mêmes, ne pourraient en aucun cas créer d'obstacles à l'écoulement des crues.

Ces expériences ont eu lieu pour des hauteurs d'eau variant de $1^m.70$ et $1^m.80$ au-dessus de l'étiage.

On doit conclure par analogie que les hausses des grands barrages de la Seine s'ouvriront par des eaux de $2^m.20$ à $2^m.40$ de hauteur au-dessus de l'étiage, lorsque la dénivellation de l'amont à l'aval sera de 9 à 12 centimètres.

Effets du contre-poids fixe. — Les hausses des déversoirs peuvent donc s'ouvrir :

1° Quand l'eau d'aval étant basse, elles sont surmontées par une lame déversante d'une certaine hauteur ;

2° Quand l'eau d'aval étant assez élevée, il existe entre elle et celle d'amont une certaine dénivellation.

Dans l'une et l'autre de ces circonstances, ces hausses se relèvent quelque temps après s'être ouvertes; par le seul effet du contre-poids, il est facile de se rendre compte de ce second mouvement.

Considérons d'abord le cas où l'eau d'aval est très-élevée (à cette époque, l'eau serait nécessairement déjà grande dans la rivière, si elle était libre) ; la hausse debout est alors presque entièrement immergée ; lorsqu'elle s'ouvre, c'est que le moment de la pression due à la dénivellation des eaux agissant sur la volée, l'emporte sur le moment du contre-poids de la culasse. Aussitôt que la hausse s'est couchée, l'eau s'écoule, la dénivellation diminue, et son moment s'amoindrit ; mais celui du contre-poids reprend peu à peu le dessus, et la hausse se relève.

Le calcul de cet effet est très-simple, car le poids de la charpente de la hausse s'étant annihilé par le fait de l'immersion, le contre-poids paraît être la seule partie de la hausse dont il convienne de tenir compte.

Il est vrai que, théoriquement, on devrait faire entrer dans les calculs les pressions et les sous-pressions de l'eau, les forces vives développées par sa vitesse, les pressions exercées contre l'about du pied de la hausse, les frottements, etc. ; mais ces forces se détruisent entre elles plus ou moins, et l'on s'explique avec une exactitude suffisante le mouvement de la hausse, en ne comparant que les moments de la dénivellation et du contre-poids.

Ces deux moments n'ont jamais entre eux une bien grande différence, et ils l'emportent alternativement l'un sur l'autre, selon que la hausse se redresse ou se couche ; il en résulte un mouvement oscillatoire qui se continue tant qu'une cause étrangère ne vient pas le modifier.

Lorsque les eaux ne sont pas très-élevées au-dessus de l'étiage dans la rivière libre, la hausse qui s'est ouverte d'elle-même sous l'action de la lame déversante est presque hors de l'eau peu de temps après (son axe de rotation est généralement placé assez haut au-dessus de l'étiage : à Conflans, il est à un mètre ; entre Paris et Montereau, il sera de

1m.19). Elle se relève donc très-promptement parce que le moment de sa volée est moindre que celui de sa culasse et de son contre-poids.

A Conflans, l'expérience a prouvé qu'il en était ainsi ; le même effet se produira aux barrages de la Seine, puisque le moment de la volée n'est que de 86, tandis que celui de la culasse est de 126 quand la hausse est hors de l'eau. Mais cette disposition aurait, sans l'expédient dont on a parlé plus haut, le sérieux inconvénient de rendre très-difficile le relèvement des hausses des passes navigables, surtout des dernières, puisque les eaux, presque entièrement arrêtées dans leur cours, formeraient en peu de temps une cataracte élevée.

Un premier expédient consiste à disposer les organes de la hausse de manière que, dans le mouvement de bascule, le bras de levier du poids de la volée augmente, tandis que celui du poids de la culasse diminue. A cet effet, il suffit, eu égard à la position de l'axe de rotation au-dessous de la charpente de la hausse, d'augmenter l'angle d'inclinaison de cette hausse lorsqu'elle se renverse de l'amont vers l'aval ; mais cette combinaison a le désavantage d'élever excessivement la culasse au-dessus de l'axe de rotation, et par conséquent de créer une espèce d'écran contre lequel le poids de la cataracte vient peser avec tant de force qu'elle empêche de rabattre la hausse.

Des essais faits à Conflans ne laissent aucun doute à ce sujet ; ils ont démontré qu'il était essentiel d'éviter que l'angle d'inclinaison de la hausse devînt trop grand. Cet angle y a donc été réduit à 15°, afin qu'un poids mobile, placé en liberté, puisse glisser de la culasse sur la volée.

Les barrages de la Seine sont disposés de manière que leurs hausses peuvent prendre une pareille inclinaison et recevoir également un contre-poids mobile qui est l'expédient auquel on a définitivement recours pour maintenir les hausses ouvertes.

Effet du contre-poids mobile. — Le contre-poids de la culasse de chaque hausse est divisé en deux parties, l'une fixe et l'autre mobile à volonté ; quand la partie mobile du contre-poids est fixée au pied de la culasse, la hausse se meut comme si elle n'avait qu'un contre-poids fixe ; mais il en est tout autrement quand le contre-poids mobile est en liberté.

En effet, si la hausse est debout, ce contre-poids mobile tombe au pied de la culasse et agit alors comme s'il y avait été primitivement fixé ; mais si la hausse se renverse de l'amont vers l'aval, le contre-poids mobile glisse vers la volée, diminue le moment de la culasse et augmente célui de la volée.

Nous reproduisons ici, comme exemple, le résumé de nos calculs.

Nous avons dit plus haut que le moment de la volée d'une hausse des déversoirs de la Seine était exprimé par 86, tandis que celui de la culasse l'était par 126, quand elles étaient toutes deux hors de l'eau.

Le moment de 126 se compose :

1° Du moment de la charpente de la culasse exprimé par. . .		54
2° Du moment du contre-poids fixe exprimé par	47	72
3° Du moment du contre-poids mobile exprimé par. . . .	25	
Total comme ci-dessus		126

Si le contre-poids mobile est fixé au pied de la culasse ; lorsque la hausse, après s'être mise en bascule, sort de l'eau, elle se redresse évidemment d'elle-même puisque le moment de la culasse l'emporte de 40 sur celui de la volée.

Mais si le contre-poids mobile a glissé vers la volée, le rapport des moments devient :

Pour la volée. .	Moment de la charpente	86	111
	Moment du contre-poids mobile.	25	
Pour la culasse.	Moment de la charpente.	54	101
	Moment du contre-poids fixe.	47	

Le moment de la volée l'emporte de 10 sur celui de la culasse et empêche la hausse de se relever ; elle reste donc inclinée de l'amont vers l'aval jusqu'à ce que, par une cause quelconque, ce rapport soit changé.

L'éclusier n'a à développer qu'un très-petit effort pour changer ce rapport et redresser les hausses ; des expériences nombreuses, entre autres celle qui a été faite le 14 septembre dernier en présence de M. l'ingénieur en chef Cambuzat, ont constaté que l'éclusier relevait en trois minutes les vingt hausses du déversoir de Conflans qui a 26 mètres de longueur totale.

Il procède en général de cette façon : en sortant de son bateau, il met le pied sur la première hausse et la redresse, il monte ensuite sur cette hausse en se servant des guides du contre-poids mobile comme de passerelle, puis de la tête même de la hausse comme de main courante, et pousse avec le pied la seconde ; quand elle est debout, il passe dessus et relève de la même manière la troisième, et successivement toutes les autres.

Quand les eaux recouvrent les hausses, l'éclusier reste dans son bateau et les relève en pesant avec un croc sur leurs culasses.

Il est facile de calculer que l'effort de l'éclusier pour relever les hausses variera pour chacune d'elles de 20 à 25 kilogrammes.

Évaluation de la chute sous laquelle se relèveront les hausses par l'effet du contre-poids. — Dans l'expérience précitée du 14 septembre, on a fixé le contre-poids mobile au pied des hausses, et il a été constaté que 16 hausses du déversoir de Conflans s'étaient relevées spontanément lorsque les eaux étaient :

	mèt.
En amont, au-dessus de l'étiage, de.	1.45
Et en aval, au-dessus de l'étiage, de.	1.32
C'est-à-dire sous une chute de.	0.13

L'inclinaison de l'amont à l'aval étant de 15°.

Antérieurement, on avait constaté que les hausses se relevaient sous une chute de 0m.09 à 0m.10 lorsque l'angle d'inclinaison était environ de 45°, et pour des hauteurs d'eau au-dessus de l'étiage variant de 1 mètre à 1m.58.

De la première de ces expériences, on doit conclure que les hausses des déversoirs de la grande Seine se relèveront, dans des circonstances analogues, sous une dénivellation de 0m.13 à 0m.15, comptée de l'amont à l'aval des hausses.

Dispositions adoptées pour les contre-poids mobiles. — Les contre-poids mobiles de Conflans sont des plaques en fonte traversées à leurs extrémités par deux boulons horizontaux et parallèles. Ce système a un inconvénient : c'est que si les trous ne sont pas faits avec soin, les plaques s'arrêtent dans leurs mouvements parce qu'elles se présentent obliquement à la direction des boulons qui les guident.

On a remplacé ce système pour les barrages de la grande Seine par l'arrangement suivant :

Le contre-poids est une espèce de fuseau en fonte percé en son milieu et portant à chacune de ses extrémités une mâchoire.

Un boulon-guide passe à travers le trou du milieu.

Chacune des mâchoires glisse sur une cornière en fer, comme sur un rail.

On fixe à volonté ce contre-poids mobile au pied de la culasse en poussant un coin de bois sous le fuseau, ou en plaçant une pincette en fer sur le guide du milieu ou sur l'un des rails; cette petite manœuvre se fait à Conflans sans difficultés.

Abatage complet des hausses des déversoirs. — Les hausses des déversoirs s'abattent complétement sur le radier et se relèvent, comme les hausses des passes navigables, au moyen du bateau de manœuvre et des barres à talons.

On ne les abat complétement sur le radier qu'à l'approche des grandes crues, des neiges, ou des glaces de l'hiver;

car il n'y a aucun inconvénient, pour l'écoulement des eaux, à les laisser osciller sur leur axe de rotation : elles restent donc oscillantes sur cet axe avec leur contre-poids mobile fixé au pied de la culasse.

Ainsi suspendues, ces hausses pourraient éprouver, dans leurs mouvements, des chocs assez brusques pour faire dévier les arcs-boutants, les amener vers les glissières, abattre les hausses ou gêner le jeu des barres à talons : on prévoit ces dérangements en enfonçant dans les glissières des heurtoirs, des coins de bois qu'on y laisse jusqu'à ce qu'il soit nécessaire de coucher complétement le déversoir. Le seuil du déversoir, qui tout d'abord paraît exposé à recevoir des chocs violents, quand les hausses en bascule se redressent d'elles-mêmes, en est garanti par la disposition suivante que l'on a donnée aux larges cornières qui relient ce seuil aux traverses du déversoir. La semelle de chaque cornière forme une espèce de plan incliné que le pied de chaque hausse qui se redresse rencontre forcément, et qu'il est obligé de remonter à frottement, sous l'effet de la pression de l'eau, avant d'atteindre le heurtoir.

Résumé de cette première partie. — Cette première partie de notre mémoire a pour but de faire connaître aux ingénieurs les expériences et les calculs sur lesquels on s'est appuyé pour la rédaction des projets, les dispositions que réclame leur prompte exécution, et surtout les observations dont ils doivent particulièrement se préoccuper, tant pour perfectionner les hausses mobiles que pour comparer les prévisions avec les résultats qui seront constatés après l'exécution des travaux.

Des études plus approfondies et des observations plus nombreuses, faites dans des circonstances différentes de celles qui se sont présentées au barrage de Conflans, pourront révéler, dans les dispositions proposées, quelques défauts auxquels il faudra remédier, et dans les calculs des remous et des efforts, des différences dont il faudra tenir compte : peut-être même conduiront-elles à introduire dans les barrages des modifications essentielles qui les rendront moins coûteux, plus simples dans leurs diverses parties et plus aciles à manœuvrer.

Il était donc nécessaire de donner, sur ce système nouveau, des explications précises et détaillées qui serviront comme de repères pour mieux apprécier les améliorations qui lui seront apportées par les ingénieurs chargés d'en faire des applications sur les rivières navigables.

La seconde partie de notre mémoire présente un essai sur a théorie mathématique des hausses mobiles.

DEUXIÈME PARTIE.

CALCULS POUR SERVIR A LA DÉTERMINATION DES ÉLÉMENTS DES HAUSSES MOBILES D'UN BARRAGE.

CHAPITRE PREMIER.

DES HAUSSES MOBILES EN GÉNÉRAL.

Une hausse se compose, comme nous l'avons déjà dit dans la première partie, d'un panneau rectangulaire en charpente, mobile autour d'un axe horizontal placé à une certaine hauteur au-dessus d'un radier. Cet axe est formé par la partie supérieure d'un chevalet en fer, fixé sur le radier par sa base inférieure, mais susceptible de tourner autour de cette base qui forme en fait un second axe horizontal de rotation. Un arc-boutant dont le pied peut s'appuyer contre un heurtoir scellé sur le radier, et dont la tête est articulée avec celle du chevalet, maintient celui-ci dans une position verticale quand son pied porte contre le heurtoir ; dans le cas contraire l'arc-boutant et le chevalet se couchent sur le radier dans le prolongement l'un de l'autre, et la charpente de la hausse s'y couche elle-même en les recouvrant.

Le but que nous nous proposons ici est de déterminer pour différentes espèces de hausses la position du premier axe de rotation, c'est-à-dire celui qui est formé par la partie supérieure du chevalet, les poids fixes ou mobiles d'une hausse et ses mouvements possibles.

Nous étudierons d'abord la question à un point de vue général, nous l'appliquerons ensuite aux douze barrages actuellement en exécution sur la haute Seine, entre Paris et Montereau.

Formules préalables. — Il est nécessaire de rappeler d'abord diverses expressions dont nous aurons souvent besoin.

Si un panneau rectangulaire projeté verticalement suivant AB (*fig.* 13, Pl. 15) est plongé dans l'eau tranquille dont le niveau est représenté par XY de manière que ces deux arêtes A et B soient horizontales, la pression normale P de l'eau sur une de ses faces aura pour expression :

$$P = \frac{h}{2\cos\alpha}(2a + h) \times 1000l, \qquad (1)$$

le moment de cette pression par rapport à l'arête inférieure A sera :

$$M_a = \frac{h^2}{6\cos^2\alpha}(3a + h) \times 1000l; \qquad (2)$$

le moment de la même pression par rapport à l'arête supérieure B sera :

$$M_b = \frac{h^2}{6\cos^2\alpha}(3a + 2h) \times 1000l, \qquad (3)$$

en désignant par :

a..... la hauteur de l'eau au-dessus de l'arête B;

$a+h$..... la hauteur de l'eau au-dessus de l'arête A sur laquelle α est compté;

α..... l'angle du panneau avec la verticale;

l..... la largeur horizontale du panneau;

1 000.....la densité de l'eau.

Ces trois formules sont applicables à l'une ou l'autre face du panneau, quelle que soit la valeur de l'angle α.

Si maintenant on suppose que l'eau, au lieu d'être en repos, ait une vitesse moyenne V au droit du panneau, la pression normale P', due à cette vitesse, aura pour expression :

$$P' = \frac{KLV^2}{2g} \times 1\,000 l \cos\alpha, \qquad (4)$$

Dans laquelle

K représente un coefficient constant,

L la longueur AB du panneau;

V la vitesse moyenne du courant au droit du panneau;

l la largeur horizontale du panneau;

α l'angle du panneau avec la verticale;

$2g = 19.62$;

1 000 la densité de l'eau,

Cette pression passe d'ailleurs par le centre de figure de la face frappée par le courant.

Cherchons maintenant quels sont les moments par rapport à l'axe de rotation d'une hausse, des diverses forces qui agissent sur elle quand elle est debout et qu'elle forme barrage.

Hypothèses pour simplifier les calculs. — Nous considérons une hausse comme réduite à son axe, ou plus exactement, nous supposerons que l'épaisseur de la hausse est nulle; en fait, elle est de $0^m.12$ à $0^m.14$ sur la haute Seine.

Nous supposerons que l'axe de rotation formé par la partie supérieure du chevalet se trouve sur l'axe de figure dont nous venons de parler ; en fait, il est à 0m.11 ou 0m.13 en arrière de cet axe pour les hausses de la Seine.

Nous supposerons encore qu'immédiatement à l'aval d'une hausse l'eau a une vitesse nulle ou de même sens que la vitesse à l'amont, ou en d'autres termes, nous supposerons qu'il n'y a pas de remous capable de produire un contre-courant à l'aval d'une hausse.

Notations adoptées. — Dans les calculs qui vont suivre nous adopterons les notations suivantes (*fig.* 18) :

α, angle de la hausse avec la verticale à un moment quelconque de son mouvement ;

α_1, angle de la hausse avec la verticale à l'origine de son mouvement de bascule, c'est-à-dire quand sa culasse porte contre le seuil ;

λ, longueur de la volée, c'est-à-dire longueur de la hausse depuis son sommet jusqu'au pied de la perpendiculaire menée sur la hausse par l'axe de suspension ;

λ', longueur de la culasse, c'est-à-dire longueur de la hausse depuis sa base jusqu'au pied d'une perpendiculaire abaissée sur la hausse par l'axe de suspension ;

l, largeur de la hausse ;

u, hauteur de l'eau de la retenue d'amont au-dessus de la crête de la hausse supposée dans sa position initiale, c'est-à-dire quand elle s'appuie contre le seuil ;

H, chute normale du barrage, c'est-à-dire différence de niveau entre la crête de la hausse dans sa position initiale et l'eau à l'aval de la hausse ;

V, vitesse moyenne du courant immédiatement à l'amont de la hausse.

$M\alpha$, moment de la hausse par rapport à son axe de rotation quand elle fait un angle quelconque α avec la verticale.

Nous considérons comme positifs les moments des forces qui tendent à tenir la hausse debout, et comme négatifs ceux qui tendent à la faire basculer sur son chevalet lorsque la hausse fait un angle quelconque α avec la verticale.

Recherche de la somme des moments. — Les forces produisant des moments positifs sont :

1° La pression due à la hauteur de l'eau sur la face d'amont de la culasse ;

2° La pression due à la vitesse de l'eau sur la face d'amont de la culasse ;

3° La pression due à la hauteur de l'eau sur la face d'aval de la volée ;

4° Le poids de la hausse ;

5° Le frottement de l'axe de rotation dans ses colliers.

Les forces produisant des moments négatifs sont :

6° La pression due à la hauteur de l'eau sur la face d'amont de la volée ;

7° La pression due à la vitesse de l'eau sur la face d'amont de la volée ;

8° La pression due à la hauteur de l'eau sur la face d'aval de la culasse.

En appliquant les formules (2) (3) et (4) établies ci-dessus, on trouve immédiatement que :

1° Le moment de la force n° 1 ci-dessus est :

$$\frac{1\,000l}{6\cos^2\alpha}\times\lambda'^2\cos^2\alpha(3u+3\lambda\cos\alpha_1+2\lambda'\cos\alpha) \text{ Formule (3) ci-dessus ;}$$

2° Le moment de la force n° 2 est :

$$\frac{K\,1\,000l}{2g}\times V^2\cos\alpha\lambda'\times\frac{\lambda'}{2}=1\,000l\,\frac{KV^2.\cos\alpha.\lambda'^2}{4g} \text{ Formule (4) ;}$$

3° Le moment de la force n° 3 est :

$$\frac{1\,000l}{6\cos^2\alpha}(\lambda\cos\alpha_1-H)^3 \text{ Formule (2) en y faisant } a=0\text{ ;}$$

4° Le moment de la force n° 4 est :

$$M\alpha\text{ ;}$$

5° Le moment du frottement est :

$$fFr.$$

En désignant par f le coefficient de frottement des tourillons supérieurs du chevalet dans leurs colliers, par r le rayon de ces tourillons et par F la résultante du poids de la hausse et de toutes les pressions transportées parallèlement à elles-mêmes sur l'axe de rotation,

6° Le moment de la force n° 6 est :

$$-\frac{1\,000l}{6\cos^2\alpha}\lambda^2\cos^2\alpha\,(3u+3\lambda\cos\alpha_1-2\lambda\cos\alpha),\ \text{Formule}\ (2);$$

7° Le moment de la force n° 7 est :

$$-\frac{1\,000l\times KV^2\cos\alpha\lambda^2}{4g},\ \text{Formule}\ (4);$$

8° Le moment de la force n° 8 est :

$$-\frac{1\,000l}{6\cos^2\alpha}\lambda'^2\cos\alpha\,(3\lambda\cos\alpha_1-3H+2\lambda'\cos\alpha),\ \text{Formule}\ (3).$$

La somme des moments des forces agissant sur une hausse est donc :

$$\left\{\begin{array}{l}\frac{1\,000l}{6}\,[\lambda'^2(3u+3\lambda\cos\alpha_1+2\lambda'\cos\alpha-3\lambda\cos\alpha_1+3H-2\lambda'\cos\alpha)];\\ +\frac{1\,000l}{6}\left[\frac{(\lambda\cos\alpha_1-H)^3}{\cos^2\alpha}-\lambda^2(3u+3\lambda\cos\alpha_1-2\lambda\cos\alpha)\right];\\ +\frac{1\,000l}{6}\times\frac{3KV^2\cos\alpha}{2g}(\lambda'^2-\lambda^2);\\ +M\alpha+fFr,\end{array}\right.$$

expression qui, après y avoir opéré les réductions qui se présentent, peut se mettre sous la forme suivante :

$$(5)\quad \frac{1\,000l}{6}\left[3\lambda'^2(u+H)+\frac{(\lambda\cos\alpha_1-H)^3}{\cos^2\alpha}-\lambda^2(3u+3\lambda\cos\alpha_1-\right.$$

$$\left.-2\cos\alpha)+\frac{3KV^2\cos\alpha}{2g}(\lambda'^2-\lambda^2)+\frac{6M\alpha}{1\,000l}+\frac{6fFr}{1\,000l}\right].$$

Telle est l'expression générale de la somme des moments des forces agissant sur une hausse à un instant quelconque.

Moments dans la position initiale. — Examinons d'abord ce qui ce passe lorsque la hausse est dans sa position initiale, et pour cela faisons $\alpha = \alpha_1$; dans l'expression (5) que nous venons de trouver, elle devient :

$$(6)\quad \frac{1\,000l}{6\cos^2\alpha_1}\Big[3u\cos^2\alpha_1(\lambda'^2-\lambda^2)-H^3+3H^2\lambda\cos\alpha_1+3H\cos^2\alpha_1\times (\lambda'^2-\lambda^2)+\frac{3KV^2\cos^3\alpha_1}{2g}(\lambda'^2-\lambda^2)+\frac{6M\alpha_1\cos^2\alpha_1}{1\,000l}+\frac{6fFr\cos^2\alpha_1}{1\,000l}\Big].$$

On remarque que cette expression est nulle si l'on suppose

$$u=0,\quad \lambda=2\lambda',\quad H=3\lambda\cos\alpha_1,\quad V=0,\quad M\alpha_1=0,\quad F=0;$$

elle est encore nulle pour $u=\infty$ et $\lambda=\lambda'$.

C'est-à-dire que, dans une eau tranquille, la pression sur une face de la hausse passe au tiers de la hausse si le niveau affleure sa crête, tandis qu'elle tend à se rapprocher du milieu de la hausse, sans jamais y atteindre, à mesure que le niveau de l'eau s'élève au-dessus de cette crête.

Pour chercher d'une manière générale quelles sont les conditions d'équilibre d'une hausse dans sa position initiale, nous n'avons qu'à égaler à zéro l'expression (6) et nous avons alors l'équation :

$$(7)\quad u=\frac{-H^3+3H^2\lambda\cos\alpha_1+3H\cos^2\alpha_1(\lambda'^2-\lambda^2)+\frac{3KV^2\cos^3\alpha_1(\lambda'^2-\lambda^2)}{2g}+\frac{6M\alpha_1\cos^2\alpha_1}{1\,000l}}{3\cos^2\alpha_1(\lambda^2-\lambda'^2)}+\frac{\frac{6Frf\cos^2\alpha_1}{1\,000l}}{3\cos^2\alpha_1(\lambda^2-\lambda'^2)}.$$

Diverses espèces de hausses. — Avant d'appliquer cette formule générale d'équilibre, il est nécessaire de faire connaître les deux espèces de hausses employées.

Les barrages en lit de rivière en général et ceux de la Seine en particulier comprennent deux pertuis, l'un destiné à la navigation lorsque la rivière débite assez d'eau pour procurer naturellement le tirant d'eau minimum adopté, l'autre destiné à régler l'écoulement de la rivière.

Le premier pertuis, qui prend le nom de *passe navigable*, a son seuil au niveau du fond de la rivière; il en résulte que si les hausses qu'il comprend pouvaient basculer spontanément sous une lame d'eau déversant par-dessus leur crête, les corps roulants au fond de la rivière viendraient s'engager entre les hausses et les chevalets, de sorte que la passe navigable serait bientôt hors d'état de fonctionner. En principe, les hausses des passes ne doivent donc pas être automobiles.

Le second pertuis, qui prend le nom de *déversoir*, a, au contraire, son seuil non-seulement au-dessus du fond de la rivière, mais même au-dessus de l'étiage; ses hausses se mettent en bascule quand le niveau d'amont atteint une hauteur déterminée d'avance, et elles se redressent quand ce niveau s'est abaissé d'une certaine quantité. Le système régulateur est complet quand ces divers mouvements s'exécutent spontanément; les hausses des déversoirs doivent donc être automobiles.

Cette distinction étant établie, on voit que les calculs des éléments doivent être différents suivant qu'il s'agira de l'une ou de l'autre espèce de hausse. Nous nous en occuperons successivement ; nous commençons par les hausses des passes navigables.

CHAPITRE II.

HAUSSES DES PASSES NAVIGABLES.

Pour appliquer l'équation (7) trouvée précédemment aux hausses des passes navigables, il faut d'abord dire comment on détermine la valeur des diverses quantités, constantes ou variables entre certaines limites, qui entrent dans cette équation.

Inclinaison d'une hausse dressée. — L'angle α_1 que fait avec la verticale une hausse dressée n'est pas donné, *a priori*, d'une manière absolue ; plus α_1 sera grand, et moins la force verticale d'arrachement sera à craindre. Cette force serait nulle si la hausse était normale à la direction de l'arc-boutant; mais aussi pour racheter une chute déterminée d'avance, la longueur d'une hausse devra être d'autant plus grande que l'angle α_1 sera plus grand ; l'angle α_1 doit donc être assez faible, il doit d'ailleurs être tel que lorsqu'une hausse est dressée son chevalet soit à peu près vertical; on a admis une valeur de 8° pour tous les barrages de la haute Seine.

Longueur d'une hausse. — L'inclinaison α_1 étant choisie, et la hauteur de la retenue étant déterminée d'avance ainsi que le niveau du seuil de la passe suivant les besoins de la navigation, la projection verticale $(\lambda + \lambda') \cos \alpha_1$ d'une hausse s'en déduit immédiatement. Pour tous les barrages de la haute Seine on a admis, comme conséquence de la position naturelle du plafond, que le seuil de la passe serait à $0^{m}.60$ sous l'étiage et que la crête des hausses serait à $2^{m}.40$ sur l'étiage. On en déduit $(\lambda + \lambda') \cos \alpha_1 = 3^{m}.08$.

Position de l'axe de suspension. — Lorsqu'il ne s'agit que d'un barrage unique, on peut attribuer à la lame déversante u une valeur supérieure à la plus forte qui serait susceptible de se réaliser et en conclure les valeurs de λ et de λ', après toutefois avoir déterminé les autres constantes comme nous le dirons ci-après; mais lorsqu'on doit calculer les éléments de plusieurs barrages étagés, placés dans des conditions peu différentes, il est à propos d'avoir, autant que possible, les mêmes modèles pour tous. On a donc admis, après divers essais, pour les douze barrages de la haute Seine, une même position de l'axe de supension. Si nous démontrons qu'en introduisant dans la formule (7) les valeurs adoptées pour λ et λ', la plus petite valeur trouvée pour u est encore supérieure à la plus forte épaisseur possible de la lame déversante, nous aurons prouvé que les hausses ainsi suspendues rempliront la condition de ne pas être automobiles.

Une première indication sur la position de l'axe est donnée par l'observation faite précédemment que la résultante des pressions dues à la pesanteur de l'eau à l'amont d'une hausse, chargée au moins jusqu'à son sommet, passe entre le tiers et le milieu de la hauteur de la hausse; l'axe de suspension devait donc se trouver lui-même entre le tiers et le milieu de manière à être peu éloigné du point d'application de la résultante tout en lui restant supérieur.

On a adopté pour les hausses de la haute Seine $\lambda \cos \alpha_1 = 1^{m}73$ et $\lambda' \cos \alpha_1 = 1^{m}.35$; le tiers aurait donné $\lambda' \cos \alpha_1 = 1^{m}.03$, et la moitié aurait donné $\lambda' \cos \alpha_1 = 1^{m}.54$.

Il est bon de remarquer qu'en plaçant l'axe plus haut la hausse serait, *a fortiori*, non automobile; mais pour une même longueur d'arc-boutant la composante verticale d'arrachement augmente avec la hauteur de l'axe de suspension; on doit donc ne pas exagérer inutilement cette hauteur.

Vitesse de l'eau à l'amont. — Pour déterminer la valeur à donner dans les calculs à la vitesse V de l'eau à l'amont d'un barrage, il faut observer que les hausses seront couchées sur le radier toutes les fois que le tirant d'eau naturel de la rivière sera au moins égal à celui fixé pour les besoins de la navigation. Ce tirant est de $1^{m}.60$ sur la haute Seine, il s'élève donc à 1 mètre au-dessus de l'étiage d'après ce que nous avons dit précédemment sur la position des seuils des passes : or la vitesse moyenne de la Seine pour une hauteur d'eau naturelle de 1 mètre au-dessus de l'étiage est de $0^m.77$, et comme les barrages s'élèvent à $2^m.40$ au-dessus de l'étiage, le volume qui avait besoin d'une vitesse de $0^m.77$ pour s'écouler en rivière libre n'aura plus besoin que d'une vitesse de $0^m.77 \times \frac{1}{2.4} = 0^m.32$ quand les barrages fonctionnent.

La plus grande valeur de V quand les hausses sont debout est donc $V = 0^m.32$. C'est cette vitesse que nous avons introduite dans nos calculs.

Chute des barrages. — La valeur de H qui représente la chute normale d'un barrage, c'est-à-dire la différence de niveau entre la crête des hausses de ce barrage ($2^m.40$ au-dessus de l'étiage) et le plan horizontal passant par la crête des hausses du barrage d'aval, cette valeur, disons-nous, varie d'un barrage à l'autre ; elle est déterminée par des conditions d'établissement indépendantes du système de fermeture des passes.

Les chutes normales des 12 barrages entre Paris et Montereau sont les suivantes en commençant par l'aval ;

		mèt.
Barrage du Port-à-l'Anglais	H =	2.40
— d'Ablon	H =	1.85
— d'Évry	H =	1.54
— du Coudray	H =	1.82
— de la Citanguette	H =	1.43
— des Vives-Eaux	H =	1.46
— de Melun	H =	1.44
— de la Cave	H =	1.97
— de Samois	H =	2.00
— de Champagne	H =	1.59
— de la Madeleine	H =	1.64
— de Varennes	H =	1.62

Les valeurs extrêmes sont $H = 2^m.40$ et $H = 1^m.43$

La chute réelle d'un barrage dont la retenue affleure la crête est égale à la chute normale que nous venons de donner diminuée de la pente à la surface de l'eau entre ce barrage et celui situé immédiatement à l'aval. Cette pente pourra varier de 0 à 0m.15; il faut encore en retrancher l'épaisseur de la lame qui surmonte la crête du barrage inférieur. Les calculs qui suivent rendent compte de l'influence de la chute réelle.

Largeur d'une hausse. — La largeur d'une hausse ne dépend que du système de construction adopté et des conditions de résistance des diverses attaches; il faut toutefois que la manœuvre en soit facile. On a admis sur la haute Seine $l = 1^m.20$.

Valeur du contre-poids. — Le contre-poids que l'on attache sous la culasse d'une hausse de passe navigable doit être déterminée, comme nous allons le dire, par la seule condition que son relevage puisse être facilèment fait par l'éclusier.

On sait que pour relever une hausse, l'éclusier placé dans un bateau à l'amont tire à lui cette hausse par la culasse jusqu'à ce que le chevalet ayant repris sa position verticale l'arc-boutant porte par son extrémité inférieure contre le front du heurtoir; la hausse est alors à peu près horizontale, et l'éclusier fait plonger la culasse en appuyant sur elle avec une gaffe de manière à dresser la hausse. Telle est la condition qui détermine le contre-poids.

Remarquons d'abord que dès le commencement de ce mouvement de rotation la culasse est immergée, tandis que la volée ne l'est pas. Cherchons donc les moments de la culasse et de la volée par rapport à l'axe de suspension en supposant la hausse horizontale et la culasse seule immergée.

DÉSIGNATION DES PIÈCES.	Largeur.	Longueur.	Epaisseur	Volume.	Densités.	Poids.	Bras de levier.	Moments.	Observations.
	m.	m.	m.	mc.	k.	k.	m.		
1° *Volée.*									
Bois. Montants extrêmes	0.13	1 66	0.12	0.025896	1.000	»	0.83	21.4937	
	0.13	1.66	0.12	0.025896	»	»	0.83	21.4937	
— Montants intermédiaires	0.13	1.51	0.12	0.023556	»	»	0.755	17.7848	
	0.13	1.51	0.12	0.23556	»	»	0.755	17.7848	
— Chevêtre de volée	0.15	0 97	0.10	0.01455	»	»	1.585	23.0617	
— Tringle du sommet	0.08	1.20	0.05	0.00048	»	»	1.70	0.8160	
— Bordage	0.035	0.68	1.51	0.035938	»	»	0.755	27.1332	
Totaux pour les bois	»	»	»	0.149872	»	149.872	»	129.5679	
Fers. Deux brides de volée	0.06	1.00	0.01	0 0006	7.800	»	1.60	7.4880	(a)
— Dix-sept vis fixant les deux brides	17×3.14 ×	$\overline{0.005}^2$	× 0.05 =	0.0000667	»	»	1.51	0.7358	
Totaux pour les fers	»	»	»	0.0006967	»	5.200	»	8.2738	
Totaux pour la volée	»	»	»	»	»	155.072	»	137.8417	
2° *Culasse.*									
Bois. (Pour mémoire, puisqu'ils sont immergés et que leur densité est égale à celle de l'eau.)									
Fers. Bride de la culasse	0.08	1.98	0.01	0.001584	6.800	»	1.32	14.2180	(b)
— Poignée et ses quatre boulons	»	»	»	»	»	5.70	1.30	7.41	
— Quatre boulons du contre-poids	»	»	»	»	»	5.00	1.09	5.45	
— Vingt vis à bois pour les bordages et la bride	20×3.14 ×	$\overline{0.005}^2$	× 0.05 =	0.0000785	»	»	1.30	0.6939	
— Deux équerres	0.03	0.72	0.10	0.00216	»	»	1.01	14.8349	
— Deux vis pour les équerres	2 × 314 ×	$\overline{0.02}^2$	× 0.13 =	0.00032656	»	»	1.12	2.4870	
Totaux	»	»	»	0.00414906	»	28.2146	»	»	
	»	»	»	»	»	38.9146	»	45.0938	
Excès du moment de la volée sur celui de la culasse sans contre-poids	»	»	»	»	»	»	»	92.7479	
Contre-poids de la culasse	0.24	0 40	0.10	0.0096	6.200	59.52	0.86	51.1872	(c)
Totaux pour la culasse	»	»	»	»	»	98.4346	«	96.2810	

(a) On suppose le collier équilibré autour de l'axe. — (b) Densité du fer immergé. — (c) Densité de la fonte immergée.

La pression verticale que l'éclusier transmet à la culasse de la hausse peut être d'environ 30 kilogrammes. Cette pression agit au droit de la poignée, son bras de levier est donc de $1^m.50$; représentons par P' le poids cherché du contre-poids immergé que l'on doit fixer sous la culasse, et dont le bras de levier est $0^m.86$; pour que la hausse se mette en bascule et se relève, il faudra qu'on ait :

$$30 \times 1.3 + P' \times 0.86 = 92.7479 \text{; d'où on conclut } P' = 62^k.49,$$

et par conséquent ce même contre-poids non immergé devra peser :

$$62.49 \times \frac{7200}{6200} = 72^k.56.$$

Chacun des morceaux de fonte placés sous les culasses des hausses de la Seine pèse $0.4 \times 0.12 \times 0.10 \times 7200^k = 34^k.56$; les deux pèsent donc $69^k.12$, c'est-à-dire à peu près le chiffre trouvé précédemment, on est donc assuré que la manœuvre du relèvement pourra facilement être faite.

Observons encore à ce sujet que le calcul précédent a été fait en supposant la hausse horizontale et sa culasse seule immergée ; or, quand la hausse est horizontale, la culasse et la volée sont en réalité toutes deux hors de l'eau, ou toutes deux dans l'eau, ce qui diminue de beaucoup le premier effort à faire par l'éclusier pour enfoncer la culasse. Ce n'est qu'après avoir tourné d'un petit angle que la culasse est nécessairement dans l'eau et la volée hors de l'eau ; l'effort de l'éclusier est encore diminué alors par l'impulsion du courant contre la culasse et par l'excentricité de la charpente de la hausse qui fait que le bras de levier de la culasse augmente à mesure que la hausse se dresse, tandis que celui de la volée diminue ; il en résulte que la pression de 30 kilogrammes que nous avons supposée produite par l'éclusier sur la culasse est en réalité une limite supérieure de celle qui sera nécessaire dans la pratique. Enfin, pour que la culasse, en arrivant à la fin de sa course ne produise pas de choc contre le seuil, on la retient au moyen de la gaffe qui reste engagée dans la poignée de cette culasse pendant tout le mouvement; le crochet de cette gaffe est relié à une corde qui passe sur le treuil du bateau de manœuvre, le mouvement de la hausse peut donc être modéré à volonté.

Si le relèvement des hausses est fait au moyen de chaînes de traction et non au moyen de la gaffe, ainsi que nous l'avons exposé dans la première partie, la vitesse d'abaissement de la culasse est modéré de la même manière au moyen de ces chaînes et du treuil de manœuvre.

Pour compléter ce paragraphe, nous avons encore à donner l'expression générale du moment d'une hausse, moment que nous avons représenté par $M\alpha$ dans les formules qui précèdent.

Nous pouvons admettre que le centre de gravité de la culasse ainsi que celui de la volée se trouve sur l'axe longitudinal du solide que représente une hausse. Le tableau précédent montre que le centre de gravité de la volée hors de l'eau se trouve à une distance de l'axe de suspension égale à $\frac{137.8417}{155.072} = 0^{m}.888$, et que celui de la culasse immergée et chargée de ses contre-poids se trouve à une distance égale à $\frac{96.2810}{98.4346} = 0^{m}.978$. La position des centres de gravité de la culasse et de la volée se trouve donc déterminée.

Il en résulte qu'en tenant compte de ce que l'axe de rotation se trouve pour les hausses des passes navigables de la Seine à $0^{m}.13$ en arrière de l'axe du solide d'une hausse, le moment de la volée pour un angle quelconque α sera $-155.072\,(0.888 \sin\alpha - 0.13 \cos\alpha)$, et le moment de la culasse sera $+98.4346\,(0.978 \sin\alpha + 0.13 \cos\alpha)$.

Le moment de la hausse sera donc :

$$M_\alpha = 98.4346(0.978 \sin\alpha + 0.13 \cos\alpha) - 155.072(0.888 \sin\alpha - 0.13 \cos\alpha),$$

ou

$$M_\alpha = 32.9558 \cos\alpha - 41.4349 \sin\alpha.$$

Enfin pour

$$\alpha = \alpha_1 = 8^\circ, \quad \sin 8^\circ = 0.1392, \quad \cos 8^\circ = 0.9903;$$

on a ainsi pour le moment d'une hausse dans sa position initiale :

$$M_{\alpha_1} = 32.9558 \times 0.9903 - 41.4349 \times 0.1392 = 26.8705.$$

On observe qu'on a :

$$M_\alpha = 0 \text{ pour tang. } \alpha = \frac{32.9558}{41.4349} = 0.795,$$

c'est-à-dire pour $\alpha = 39^\circ$. C'est donc à partir de l'instant où la hausse aura atteint cet angle que l'éclusier devrait la retenir au lieu de la pousser, si toutefois l'eau était tranquille ; mais en réalité l'action du courant contre la culasse modifiera un peu ce résultat du calcul qui précède.

Influence du frottement. — Connaissant toutes les pressions qui agissent sur une hausse, et sachant que le poids d'une hausse dont la culasse est immergée est de $253^k.50$, il est facile d'en conclure, pour une valeur déterminée de α, la valeur de la pression d'une hausse sur ses tourillons, pression que nous avons représentée par F, et qui est la résultante de toutes les forces auxquelles la hausse est soumise, transportées parallèlement à elles-mêmes en un même point de l'axe de rotation.

La valeur de F varie nécessairement avec u, avec α et avec H, de sorte que son expression générale est très-longue et compliquerait inutilement les formules ; il suffira de calculer cette valeur pour une hauteur déterminée de la lame déversante $u = 1^m.00$, par exemple, et pour la position initiale $\alpha = \alpha_1 = 8^\circ$, et enfin en négligeant la pression à l'aval de la hausse ; on obtiendra ainsi une limite supérieure qui fera convenablement connaître l'influence du frottement sur les mouvements d'une hausse de passe navigable.

La pression normale due à la hauteur de l'eau d'amont sera :

$$\frac{3.08}{0.9903} \text{(longueur)} \times 1.20 \text{(largeur)} \times 2.54 \text{ (charge sur le centre)} \times$$
$$\times 1000 \text{ (densité)} = 9479 \text{ kil.}$$

La pression normale due à la vitesse de l'eau sera :

$$3.08 \text{ (projection verticale de la hausse)} \times 1.20 \text{ (largeur)} \times \overline{0.32}^2$$
$$\text{(vitesse)} \times 1.20 \text{ (coefficient)} \times 1000 \text{ (densité)} = 23 \text{ kil.}$$

La somme de ces deux pressions est 9 502 kilogrammes qui, composée avec le poids de la hausse que nous supposons de 254 kilogrammes, donne pour résultante :

$$F = \sqrt{\overline{254}^2 + \overline{9502}^2 + 2 \times 254 \times 9502 \times \sin 8^\circ} = 9541,$$
$$\text{soit } F = 9600 \text{ kil.}$$

Si l'on se reporte à l'équation (7) trouvée à la fin du chapitre précédent, on voit que l'influence du frottement sur l'épaisseur de la lame déversante qui produit l'équilibre est donnée par l'expression :

$$\frac{6fFr\cos^2\alpha_1}{1000l \times 3\cos^2\alpha_1(\lambda^2 - \lambda'^2)}.$$

On a pour les hausses de la Seine,

$$r = 0.03.$$

On peut admettre :

$f = 0.08$, on a $\cos^2 8^\circ = 0.9807$ et $\cos^2 8^\circ(\lambda^2 - \lambda'^2) = 1.17$.

L'expression précédente a ainsi pour valeur :

$$\frac{6 \times 0.08 \times 9660 \times 0.03 \times 0.9807}{1000 \times 1.20 \times 3 \times 1.170} = 0^m.032.$$

Le frottement sur les tourillons de l'axe de suspension ne produira donc qu'une augmentation de moins de 3 centimètres 1/2, sur l'épaisseur de la lame déversante susceptible de mettre en bascule une hausse de passe navigable, si ce mouvement de bascule devait avoir lieu.

Ce résultat étant admis, nous pourrons faire disparaître de l'équation (7) le terme qui correspond au frottement, l'influence de ce frottement étant suffisamment connue.

Épaisseur de la lame d'eau déversante qui mettrait les hausses en bascule. — Si nous reprenons maintenant l'équation (7) simplifiée :

$$(8)\quad u = \frac{-H^3 + 3H^2\lambda\cos\alpha_1 + 3H\cos^2\alpha_1(\lambda'^2 - \lambda^2) + \dfrac{3KV^2\cos^3\alpha_1(\lambda'^2 - \lambda^2)}{2g} + \dfrac{6M\alpha_1\cos^2\alpha_1}{1000l}}{3\cos^2\alpha_1(\lambda^2 - \lambda'^2)}.$$

Tout est connu dans le second membre, et il est facile de constater que pour les 12 barrages de la haute Seine l'épaisseur u de la lame qui mettrait en bascule les hausses des passes navigables ne sera jamais atteinte en pratique et qu'ainsi l'axe de suspension de ces hausses a été placé à une hauteur convenable.

Faisons dans cette expression

$$\lambda\cos\alpha_1 = 1.73,\quad \lambda'\cos\alpha_1 = 1.35,\quad \alpha_1 = 8°,\ \cos\alpha_1 = 0.9903,$$

$$K = 1.20,\quad V = 0.32;$$

$$2g = 19.62,\quad l = 1.20,\quad M\alpha_1 = 26.8705;$$

on trouve :

$$u = \frac{-H^3 + 5.19\ H^2 - 3.51\ H + 0.11}{3.51}.$$

Nous avons vu précédemment que les deux valeurs extrêmes de H pour les 12 barrages de la haute Seine étaient $H = 2^m.40$ et $H = 1^m.43$; la formule précédente donne pour $H = 2.40$, $u = 2^m.2$ et pour $H = 1.43$, $u = 0^m.78$; mais les valeurs attribuées ci-dessus à H sont celles des chutes normales, et nous avons appelé chute normale d'un barrage la différence de niveau entre la crête de ses hausses et la crête des hausses du barrage situé à l'aval; en réalité la valeur à attribuer à H est égale à la chute normale du barrage diminuée de l'épaisseur de la lame déversante sur le barrage d'aval et de la pente à la surface entre les deux barrages.

Pour bien se rendre compte de l'influence de ces divers éléments sur la position de l'axe de suspension d'une hausse de passe, il est utile de construire la courbe qui aurait pour équation :

$$u = \frac{-H^3 + 5.19\ H^2 - 3.51\ H + 0.11}{3.51}. \quad (\textit{Fig. 17, Pl. 15.})$$

L'examen de cette courbe fait bien comprendre l'influence des chutes réelles des barrages. Prenons, par exemple, le barrage de la Citanguette dont la chute normale ($1^m.43$) est la plus petite ; s'il existe une lame déversante de $0^m.25$ au-dessus des hausses du barrage du Coudray situé immédiatement en aval, s'il existe, en outre, une pente de $0^m.15$ à la surface de l'eau entre les deux barrages, la valeur de H pour le barrage de la Citanguette, au lieu d'être $1^m.43$ sera réduite à $1^m.43 - (0^m.25 + 0^m.15) = 1^m.03$. Or, pour $H = 1^m.03$, une lame déversante de $0^m.26$ (frottement compris) produirait le renversement des hausses de la passe, on serait donc trop près de la limite où la position adoptée pour l'axe du suspension cesse d'être convenable, si l'on ne prenait certaines précautions. Les hausses des déversoirs doivent être équilibrées comme on le verra dans le chapitre suivant, de manière qu'elles se mettent en bascule spontanément lorsque la lame déversante au-dessus de leur crête atteint une épaisseur que l'on peut fixer arbitrairement de $0^m.10$ à $0^m.25$ environ, or il suffira de régler les hausses du déversoir du Coudray de manière qu'elles se renversent sous une lame de $0^m.10$ (au lieu de $0^m.25$) pour que la valeur de H, relative au barrage de la Citanguette, soit ramenée à

$1^{m}.18$, la valeur de u qui correspond à $H = 1^{m}.18$ est $u = 0^{m}.46$ et, si par surcroît de précaution on règle, en outre, les hausses du déversoir de la Citanguette de manière qu'elles se renversent aussi sous une lame de $0^{m}.10$, on aura un écart de $0^{m}.36$ entre la plus grande hauteur d'eau possible et celle qui ferait mouvoir les hausses de la passe de celui des 12 barrages qui se trouve dans les conditions les plus défavorables.

En résumé, pour le succès des dispositions adoptées sur les passes navigables de la Seine, il faudra que les barrages qui ont de petites chutes et ceux situés immédiatement en aval soient réglés de manière que les hausses de leur déversoir se mettent en bascule spontanément sous des lames déversantes dont l'épaisseur ne devra pas dépasser $0^{m}.15$. C'est ainsi que seront disposés les déversoirs de la Citanguette et du Coudray, de Melun et des Vives-Eaux.

Il n'y aurait pas avantage à combattre, par un contrepoids plus lourd sur la culasse, cette tendance au renversement pour les hausses des barrages à petites chutes; car l'influence de ce contre-poids sur l'épaisseur de la lame qui produit le mouvement de bascule est très-faible; l'équation (8) montre que le poids total de la hausse ne produit qu'une augmentation de $0^{m}.03$ dans la valeur de u.

Ce que nous avons dit dans le présent chapitre suffit pour bien rendre compte des dispositions essentielles adoptées pour les hausses des passes navigables des barrages de la Seine, et pour indiquer la marche à suivre dans l'étude d'un projet de barrage sur un cours d'eau quelconque.

Nous allons maintenant nous occuper des hausses de déversoir.

CHAPITRE III.

HAUSSES DES DÉVERSOIRS.

Conditions à remplir. — Les hausses des déversoirs doivent être telles qu'elles se mettent en bascule spontanément lorsque le niveau de l'eau à l'amont s'élève à une hauteur qui peut varier de $0^m.05$ à $0^m.25$ au-dessus de leur crête, c'est-à-dire au-dessus du niveau normal de la retenue; il faut ensuite qu'elles puissent se relever spontanément quand le niveau d'amont est redescendu à $0^m.10$ ou $0^m.15$ environ au-dessous de la retenue normale. Il est évident que si ces conditions sont remplies le déversoir sera un véritable régulateur du débit et du niveau; mais ces conditions ne sont pas les seules; en effet, pendant qu'on relève les hausses de la passe navigable il faut que l'eau s'écoule librement par le déversoir sans quoi la chute produite dans la passe navigable rendrait pénible le relèvement des dernières hausses.

Or, s'il était nécessaire de coucher toutes les hausses du déversoir toutes les fois qu'on relève celles de la passe, la manœuvre du barrage exigerait un temps considérable, et d'ailleurs la difficulté du relèvement que nous signalions tout à l'heure se représenterait pour les dernières hausses du déversoir; il est donc nécessaire de relever les hausses du déversoir avant celles de la passe, puis de les mettre en bascule sur leurs chevalets, c'est-à-dire dans une position peu éloignée de la position horizontale pendant le relèvement de la passe navigable; les hausses du déversoir doivent donc remplir, en outre, la condition de pouvoir se mettre facilement en bascule, de s'y maintenir, et enfin d'être facilement redressées par l'éclusier quand la fermeture de la passe navigable est terminé.

Ces conditions posées, reprenons l'équation générale trouvée précédemment pour l'équilibre d'une hausse dans sa position initiale, sans tenir compte du frottement des tourillons.

$$u = \frac{-H^3 + 3H^2\lambda\cos\alpha_1 - 3H\cos^2\alpha_1(\lambda^2 - \lambda'^2) - \frac{3KV^2\cos^3\alpha_1(\lambda^2 - \lambda'^2)}{2g} + \frac{6M\alpha_1\cos^2\alpha_1}{1\,000l}}{3\cos^2\alpha_1(\lambda^2 - \lambda'^2)},$$

ou en la résolvant par rapport au moment de la hausse.

$$(9)\quad M_{\alpha_1} = \frac{1\,000l}{6\cos^2\alpha_1}\Big[3u\cos^2\alpha_1(\lambda^2 - \lambda'^2) + H^3 - 3H^2\lambda\cos\alpha_1 + 3H\cos^2\alpha_1(\lambda^2 - \lambda'^2) + \frac{3KV^2\cos^3\alpha_1(\lambda^2 - \lambda'^2)}{2g}\Big].$$

Nous allons indiquer les valeurs attribuées aux diverses quantités qui figurent dans le second membre de cette équation.

Inclinaison d'une hausse dressée. — De même que pour les hausses des passes, l'angle initial α_1 que fait avec la verticale une hausse de déversoir, n'est pas donné d'une manière absolue, mais on comprend qu'il doit être faible pour ne pas augmenter la longueur de la hausse, toutefois, comme les hausses de déversoir ont une longueur plus faible que celles des passes, on peut sans inconvénient donner à α_1 une valeur un peu supérieure à celle de 8° admise pour ces dernières, afin de diminuer la force verticale de soulèvement. On a adopté $\alpha_1 = 10°$ pour les hausses des déversoirs de la haute Seine.

Longueur d'une hausse. — Par des raisons d'économie, de facilité de construction et de manœuvre, le seuil des déversoirs est généralement placé à plusieurs décimètres au-dessus de l'étiage de la rivière.

On a admis que les seuils de tous les déversoirs de la haute Seine seraient arrasés à 0m.50 au-dessus de l'étiage; la crête des hausses doit d'ailleurs s'élever comme pour la passe navigable au niveau normal de la retenue, ou à 2m.40 au-dessus de l'étiage, on en conclut que la projection verticale d'une hausse de déversoir a pour valeur 1m.98 $= (\lambda + \lambda')\cos\alpha_1$.

Position de l'axe de suspension. — Les hausses devant se mettre en bascule lorsque l'eau surmonte leur crête de 0m.05 à 0m.25, l'axe de suspension doit se trouver vers le tiers de la hauteur, mais il doit aussi être un peu au-dessus du tiers afin de tenir compte des pressions dues à la hauteur de la lame déversante et à l'eau d'aval dans les barrages qui ont de petites chutes.

On a admis pour tous les barrages de la haute Seine

$$\lambda \cos \alpha = 1^{m}.28 \quad \text{et} \quad \lambda' \cos \alpha_1 = 0^{m}.70.$$

On en conclut

$$\lambda = 1^{m}.29 \quad \text{et} \quad \lambda' = 0^{m}.71.$$

Le tiers de la hauteur aurait donné

$$\lambda' \cos \alpha_1 = \frac{1^{m}\,98}{3} = 0^{m}.66.$$

La culasse s'élève donc à $0^{m}.04$ au-dessus du tiers de la hausse.

Ce choix permettra, comme nous le ferons voir ci-après, d'avoir un modèle uniforme pour les déversoirs des douze barrages de la haute Seine.

Vitesse de l'eau à l'amont. — La vitesse de l'eau à l'amont d'une hausse dressée est $V = 0^{m}.32$ ainsi que nous l'avons expliqué en parlant des passes navigables.

Chutes des barrages. — Nous avons dit également dans le chapitre précédent quelles étaient les douze valeurs de H pour les barrages de la haute Seine.

Largeur d'une hausse. — Une hausse de déversoir n'ayant que 2 mètres de longueur, sa largeur peut sans inconvénient être un peu supérieure à celle d'une hausse de passe navigable, on a admis $l = 1^{m}.30$.

Moment d'une hausse. — Le moment M_{α} d'une hausse se compose en général de deux parties, savoir :

Le moment de la hausse proprement dite et le moment du contre-poids qu'on lui donne, ces deux moments doivent être calculés quand la hausse est immergée et quand elle ne l'est pas, les détails qui suivront en feront reconnaître la nécessité.

Le tableau qui suit donne le moment d'une hausse proprement dite par rapport à son axe de suspension et lorsqu'elle est horizontale.

DÉSIGNATION DES PIÈCES.	Largeur.	Longueur.	Épaisseur.	Volume.	Densité hors de l'eau.	Poids hors de l'eau.	Bras de levier.	Moments hors de l'eau.	Poids dans l'eau.	Moments dans l'eau.	Observations.
1° Volée.	m.	m.	m.	mc.	k.	k.			k.		
Bois. Montant extrême	0.12	1.29	0.105	0.016254	1 000	16.254	0.645	10.48383	»	»	
— *Id.*	0.12	1 29	0.105	0.016254	»	16.254	0.645	10.48383	»	»	
— Montant intermédiaire	0.12	1.17	0.105	0.014742	»	14.742	0.585	8.62407	»	»	
— *Id.*	0.12	1.17	0.105	0.014742	»	14.742	0.585	8.62407	»	»	
— Traverse supérieure	0.12	1.30	0.09	0.01404	»	14.040	1.23	17.26920	»	»	
— Deux taquets	0.12	0.24	0.09	0 002592	»	2.592	0.30	0 77760	»	»	
— Bordages	0.82	1.17	0.03	0.028782	»	28.782	0.585	16 83747	»	»	
Totaux pour les bois	»	»	»	»	»	107.406	»	73.10007	»	»	
Fers. Deux brides	0.06	1.08	0.01	0.000648	7 800	5.0544	1 23	6.21691	4.4064	5.41987	
— Dix-huit vis fixant les bordages et les brides.	$18 \times 3.14 \times \overline{0.005}^2 \times 0.04 =$			0.00005652	»	0.4408	1.21	0.53337	0.3843	0.46500	
— Deux boulons du support du contre-poids.	$2 \times 3.14 \times \overline{0.01}^2 \times 0.12 =$			0.00007536	»	0.5878	0.30	0.17634	0.5124	0.15372	
— Deux écrous et deux têtes des boulons ci-dessus.	$4 \times 0.05 \times 0.05 \times 0.02 =$			0.0002	»	1.5600	0.30	0.46800	1.36	0.408	
— Deux boulons du collier.	$2 \times 3.14 \times \overline{0.01}^2 \times 0.12 =$			0.00007536	»	0.5878	0.10	0.05878	0.5124	0 05124	
— Deux écrous et deux têtes des boulons ci-dessus.	$4 \times 0.05 \times 0.05 \times 0.02 =$			0.0002	»	1.5600	0.10	0.156	1.36	0.136	
— Support central du contre-poids mobile. bandes.	0.96	0.70	0.018	0.000756	»	5.8968	0.30	1.76904	5.1408	1.54224	
œil.	0.095	0.095	0.035	0 000315875	»	2.463	0.30	0.73914	2.1479	0.64437	(1)
— Contre-poids mobile : partie du boulon.	$3.14 \times \overline{0.09}^2 \times 0.32 =$			0.00040192	»	3.1356	0.16	0.5016	2.7331	0.43730	
— *Id.* Partie des deux rails.	0.33	0,29	0.015	0.0014355	»	11.1970	0.15	1.67955	9.7615	1.46422	
— Huit vis fixant les rails.	$8 \times 3.14 \times \overline{0.01}^2 \times 0.06 =$			0.00015072	»	1.1756	0.10	0.11756	1.0249	0.10249	
— Partie non équilibrée du collier.	0 08	0.15	0.025	0.0003	»	2.3400	2.04	0.1638	0.07	0.1428	(2)
Totaux pour les fers	»	»	»	»	»	35.9990	»	12 58009	31.3837	10.96725	
Totaux pour la volée hors de l'eau.	»	»	»	»	»	143.405	»	85.68016	»	»	
Totaux dans l'eau	»	»	»	»	»	»	»	»	31.3837	10.96725	

Bras de levier du centre de gravité de la volée : 1° hors de l'eau $\frac{85.68016}{143.405} = 0.59$; — 2° dans l'eau $\frac{10.96725}{31.3837}$ . . . . . . $= 0.35$

(1) et (2) Approximativement.

DÉSIGNATION DES PIÈCES.	Largeur.	Longueur.	Épaisseur.	Volume.	Densité hors de l'eau.	Poids hors de l'eau.	Bras de levier.	Moments hors de l'eau.	Poids dans l'eau.	Moments dans l'eau.	Observations
2° *Culasse.*	m.	m.	m.	mc.	k.	k.			k.		
Bois. Deux montants extrêmes	0.24	0.71	0.12	0.020448	1 000	20.448	0.355	7.2590	»	»	
— Deux montants intermédiaires	0.24	0.41	0.12	0.011808	»	11.808	0.205	2.4206	»	»	
— Traverse inférieure	0.30	1.06	0.09	0.02862	»	28.620	0.56	16.0272	»	»	
— Bordages	0.82	0.41	0.03	0.010086	»	10.086	0.205	2.0676	»	»	
Totaux pour les bois	»	»	»	»	»	70.962	»	27.7744	»	»	
Fers. Bride	0.06	2.80	0.01	0.00168	7 800	13.1040	0.68	8.9107	11.4240	7.7683	
— Œil de la bride	0.095	0.095	0.035	0.000315875	»	2.4638	0.66	1.6261	2.1479	1.4176	(1)
— Renflement sous l'œil	0.06	0.30	0.01	0.00018	»	1.4040	0.68	0.9547	1.2240	0.8323	
— Dix-sept vis pour la bride	$17 \times 3.14 \times \overline{0.006}^2 \times 0.06$			=0.0001153	»	0.8993	0.68	0.6115	0.7840	0.5331	
— Dix vis pour les bordages	$10 \times 3.14 \times \overline{0.005}^2 \times 0.04$			=0.0000314	»	0.2449	0.43	0.1053	0.2135	0.0918	
— Deux boulons du collier	0.02	0.25	0.02	0.0001	»	0.7800	0.10	0.0780	0.680	0.0680	
— Deux écrous et deux têtes de ces boulons	0.08	0.05	0.05	0.0002	»	1.5600	0.10	0.1560	1.360	0.1360	
— Partie non équilibrée du collier	0.05	0.10	0.08	0.0004	»	3.1200	0.10	0.3120	2.720	0.2720	
— Partie du boulon du contre-poids mobile	$3.14 \times \overline{0.02}^2 \times 0.71$			= 0.00089176	»	6.9557	0.355	2.4693	6.0639	2.1527	
— Partie des deux rails	0.33	0.68	0.15	0.003366	»	26.2548	0.34	8.9266	22.8888	7.7828	
— Seize vis fixant les rails	$16 \times 3.14 \times \overline{0.01}^2 \times 0.06$			=0.00030144	7 800	2.3512	0.34	0.7994	2.0498	0.6969	
— Quinze vis pour le contre poids fixe	$15 \times 3.14 \times 0.01 \times 0.06$			=0.0002826	»	2.2043	0.56	1.2344	1.9217	1.0761	
Totaux pour les fers de la culasse	»	»	»	»	»	61.3420	»	26.1840	53.4776	22.8270	
Totaux pour la culasse hors de l'eau	»	»	»	»	»	132.304	»	53.9584	»	»	
Totaux pour la culasse dans l'eau	»	»	»	»	»	»	»	»	53.4776	22.8270	

Bras de levier du centre de gravité de la culasse : 1° hors de l'eau $\frac{53.9584}{132.304} = 0.407$; — 2° dans l'eau $\frac{22.827}{53.4776}$ . . . . . = 0.425

(1) Approximativement.

Pour qu'une hausse remplisse les conditions posées en tête de ce chapitre il faut que son contre-poids se compose de deux parties, l'une fixe et l'autre mobile ou fixée à volonté suivant les besoins.

Désignons par P' le contre-poids fixe, par P'' le contre-poids mobile et leur somme par $P = P' + P''$. Lorsqu'ils seront immergés ces mêmes contre-poids pèseront $P \times 0,8717$, $P' \times 0,8717$ et $P'' \times 0,8717$; P et P' ont pour bras de levier 0m.56 quand la hausse est horizontale, P'' a tantôt 0m.56 et tantôt — 0m.24 pour bras de levier.

Remarquons que l'axe de suspension étant à 1m.29 sous le niveau normal de la retenue, et les chutes des douze barrages variant de 1m.43 à 2m.40, la culasse sera submergée en grande partie lorsqu'il s'agira d'un barrage à petite chute et elle sera au contraire tout à fait hors de l'eau pour les barrages à grande chute, la hausse étant supposée debout.

On peut, sans erreur sensible, supposer que les centres de gravité des diverses parties d'une hausse chargée de ses contre-poids se trouvent sur la face d'amont de cette hausse.

Il résulte de ce qui vient d'être dit et des chiffres trouvés dans le tableau précédent que le moment d'une hausse dans une position quelconque a les diverses expressions qui suivent en observant que l'axe de rotation se trouve à 0m.175 en arrière de la face sur laquelle on a supposé placés les centres de gravité;

1° Moment d'une hausse hors de l'eau, les deux contre-poids réunis;

$$M_\alpha = P(0.56 \sin\alpha + 0.175 \cos\alpha) + 132.304(0.407 \sin\alpha + 0.175 \cos\alpha) - 143.405(0.59 \sin\alpha - 0.175 \cos\alpha)$$

ou en réduisant

$$M_\alpha = P \times (0,56 \sin\alpha + 0.175 \cos\alpha) - 30.7612 \sin\alpha + 48.249 \cos\alpha;$$

2° Moment d'une hausse dont la culasse est immergée, les deux contre-poids réunis ;

$$M_\alpha = 0.872\,P\,(0.56 \sin\alpha + 0.175 \cos\alpha) + 53.4776\,(0.425 \sin\alpha + \\ + 0.175 \times \cos\alpha) - 143.405\,(0.59 \sin\alpha - 0.175 \cos\alpha);$$

ou réduisant

$$M_\alpha = P\,(0.488 \sin\alpha + 0.153 \cos\alpha) - 61.881 \sin\alpha + 34.454 \cos\alpha;$$

3° Moment d'une hausse complétement immergée, les deux contre-poids réunis :

$$M_\alpha = 0.872\,P\,(0.56 \sin\alpha + 0.175 \cos\alpha) + 53.4776\,(0.425 \sin\alpha + \\ + 0.175 \cos\alpha) - 31.3837\,(0.35 \sin\alpha - 0.175 \cos\alpha),$$

ou réduisant

$$M_\alpha = P\,(0.488 \sin\alpha + 0.153 \cos\alpha) + 11.744 \sin\alpha + 14.851 \cos\alpha;$$

4° Moment d'une hausse hors de l'eau, le contre-poids mobile étant sur la volée :

$$M_\alpha = P'\,(0.56 \sin\alpha + 0.175 \cos\alpha) - P''\,(0.24 \sin\alpha - \\ - 0.175 \cos\alpha) - 30.7612 \sin\alpha + 48.249 \cos\alpha;$$

5° Moment d'une hausse toute dans l'eau, le contre-poids mobile étant sur la volée :

$$M_\alpha = P'\,(0.488 \sin\alpha + 0.153 \cos\alpha) - P''\,(0.209 \sin\alpha - \\ - 0.153 \cos\alpha) + 11.744 \sin\alpha + 14.851 \cos\alpha.$$

Valeur des contre-poids. — Nous connaissons maintenant toutes les quantités qui entrent dans le second membre de l'équation (9) :

$$(9)\quad M_{\alpha_1} = \frac{1\,000 l}{6 \cos^2\alpha_1}\Big[3u \cos^2\alpha_1 (\lambda^2 - \lambda'^2) + H^3 - 3H^2\lambda \cos\alpha_1 + \\ + 3H \cos^2\alpha_1 (\lambda^2 - \lambda'^2) + \frac{3KV^2 \cos^3\alpha_1 (\lambda^2 - \lambda'^2)}{2g}\Big],$$

et il sera facile d'en déduire la valeur de P.

Examinons d'abord le cas d'un barrage dont la chute est faible, la valeur minimum de H considérée comme représentant la chute normale est $1^m.43$. Si l'on retranche l'épaisseur $0^m.15$ de la lame déversante du barrage d'aval et la pente $0^m.15$ entre les deux barrages, la chute réelle sera réduite à $1^m.13$, la culasse entière des hausses sera donc immergée, puisque $\lambda \cos \alpha_1 = 1^m.28$. On aura donc pour ce cas limite la valeur M_{α_1} en faisant $\alpha = 10°$.

Dans l'expression :

$$M_\alpha = P(0.488 \sin \alpha + 0.153 \cos \alpha) - 61.881 \sin \alpha + 34.454 \cos \alpha,$$

on trouve alors :

$$M_1 = 0.236 P + 22.17.$$

Si maintenant on substitue dans l'équation (9) les valeurs indiquées précédemment, savoir :

$$l = 13, \quad \alpha_1 = 10°, \quad \cos \alpha_1 = 0.985, \quad \lambda \cos \alpha_1 = 1^m.28,$$
$$\lambda' \cos \alpha_1 = 0^m.70, \quad K = 1.2, \quad V = 0^m.32, \quad 2g = 19.62,$$
$$H = 1^m.13,$$

on arrive à l'équation :

$$P = 3260.63 u + 816.$$

Si donc on voulait que la hausse ne puisse se mettre en bascule que sous une lame déversante de $0^m.10$, il faudrait faire P = 1 142 kilogrammes ; or cette valeur est inadmissible en pratique : $u = 0$ donne $P = 816$ kilogrammes, valeur encore inadmissible. Il faut en conclure que si la chute de $1^m.13$ admise dans le calcul qui précède venait à se réaliser, la position de l'axe de suspension devrait nécessairement être modifiée.

En étudiant les mouvements possibles des hausses de la passe navigable du barrage de la Citanguette, nous avons vu qu'il était nécessaire et suffisant de limiter à $0^m.15$ l'épaisseur de la lame qui déverserait sur la crête du barrage du Coudray ; c'est pour cela que dans le calcul relatif aux hausses du déversoir du même barrage de la Citanguette, nous venons de supposer la lame déversante du Coudray égale à $0^m.15$, et nous en avons conclu qu'avec cette épaisseur de lame les hausses du déversoir de la Citanguette se trouveraient dans de mauvaises conditions, nous sommes donc conduit à réduire encore la lame déversante du Coudray de manière à augmenter autant que possible la chute réelle de la Citanguette : or il n'y a aucun inconvénient à régler le barrage du Coudray de manière à ce qu'il se mette en bascule sous une lame de $0^m.03$ environ, au lieu de $0^m.15$. Nous avons supposé d'ailleurs que la pente à la surface entre les deux barrages serait $0^m.15$; c'est là un maximum que l'on pourrait réduire, mais que nous conservons cependant pour éloigner toute objection et rester dans les conditions les plus défavorables : la valeur de H, que nous avions supposée de $1^m.13$, devient égale à $1^m.13 + 0^m.12 = 1^m.25$. Si l'on introduit cette valeur de l'équation (9), on obtient une nouvelle expression de P :

$$P = 3260.63\,u + 171.$$

d'où l'on tire pour $u = 0^m.10$, $P = 497$ kilogrammes, et pour $u = 0$, $P = 171$ kilogrammes.

On pourrait, il est vrai, corriger la mobilité de la hausse en écartant un peu du pied de la culasse les extrémités inférieures du contre-poids mobile et augmenter ainsi son bras de levier lorsque la hausse est dressée ; on arriverait alors, en adoptant la valeur $P = 171$ kilogrammes, à avoir des hausses qui ne basculeraient que sous une lame de $0^m.05$ à $0^m.10$; mais cette valeur de P est trop considérable pour être admise, elle rendrait les manœuvres difficiles et les chocs dangereux.

Il est donc nécessaire de modifier un peu la position de l'axe de suspension des hausses des déversoirs de la Citanguette et de Melun, et l'on va voir qu'une modification peu importante, qui n'affecte que la pose et non la fabrication des pièces, remet facilement ces hausses dans les conditions régulières du programme posé en tête de ce chapitre.

Reprenons l'équation (9) :

$$M_{\alpha_1} = \frac{1000 l}{6 \cos^2 \alpha_1} \Big[3u \cos^2 \alpha_1 (\lambda^2 - \lambda'^2) + H^3 - 3H^2 \lambda \cos \alpha_1 + + H \cos^2 \alpha_1 (\lambda^2 - \lambda'^2) + \frac{3KV^2 \cos^3 \alpha_1 (\lambda^2 - \lambda'^2)}{2g} \Big],$$

et supposons qu'on remonte de $0^m.02$ l'axe de suspension de la hausse, c'est-à-dire qu'on fasse $\lambda \cos \alpha = 0^m.72$ au lieu de $0^m.70$, l'expression générale ci-dessus devient alors :

$$0.236 P + 22.17 = 223.37 (3.2076 u + H^3 - 3.78 H^2 + + 3.2076 H + 0.019).$$

Si l'on essayait d'abord de faire $H = 1^m.13$, c'est-à-dire d'admettre une lame déversante de $0^m.15$ sur le barrage inférieur, on arriverait encore à une impossibilité pratique; mais si l'on suppose $H = 1^m.21$, c'est-à-dire la lame déversante du barrage inférieur réduite à $0^m.07$, on obtient l'équation

$$P = 3035 \times u + 36,$$

c'est-à-dire qu'un poids de 36 kilogrammes suffirait pour empêcher une hausse de la Citanguette de se mettre en bascule avant que l'eau atteigne son sommet.

Nous avons admis P=130 kilogrammes : ce poids n'est pas assez fort pour que les chocs soient à craindre ; il correspond à une valeur de $u = 0^m.03$, et par conséquent à une lame déversante de $0^m.06$, en tenant compte du frottement; mais il sera facile de porter à $0^m.10$ environ l'épaisseur de la lame qui ferait basculer en écartant un peu de la culasse, comme nous l'avons déjà dit, les extrémités inférieures du support du contre-poids mobile.

Nous résumons ces premiers résultats de nos calculs en disant :

1° Que les barrages des Vives-Eaux et du Coudray qui sont immédiatement en aval de ceux de Melun et de la Citanguette, dont les chutes sont les plus petites, devront être réglés de telle sorte que le mouvement de bascule du déversoir ait lieu dès que la lame déversante atteindra une épaisseur de $0^{m}.07$.

2° Que pour les barrages de Melun et de la Citanguette il faudra écarter de la hausse de $0^{m}.05$ environ, en sus de ce qui est indiqué sur le dessin type, les extrémités inférieures des supports du contre-poids mobile.

3° Que l'axe de suspension des hausses des déversoirs de Melun et de la Citanguette devra être relevé de $0^{m}.02$ en projection verticale, c'est-à-dire en relevant de $0^{m}.02$ les colliers inférieurs du chevalet dont la longueur reste celle du type commun aux douze barrages.

4° Qu'il sera nécessaire d'allonger sur la volée les supports du contre-poids mobile des hausses des déversoirs de Melun et de la Citanguette.

Nous avons supposé dans ce qui précède que le moment M_{α_1} conservait la même expression $0.236\,P + 22.17$ après le rehaussement de $0^{m}.02$ de l'axe de suspension; cela n'est pas exact, car il est évident que M_{α_1} aura une valeur plus grande après le relèvement de l'axe qu'auparavant; mais cette différence, qu'il est inutile de calculer ici, ne fait que corroborer nos conclusions et permet de dire que *à fortiori* on obtiendra pour les déversoirs de Melun (*) et de la Citanguette des hausses qui ne se mettront en bascule que sous une lame d'environ $0^{m}.10$, en adoptant les dispositions que nous avons indiquées.

La somme $P = P' + P''$ étant ainsi fixée à 130 kilogrammes, chacun des contre-poids P' et P'' doit être déterminé par la

(*) Le barrage de Melun n'a pas actuellement de déversoir en hausse, mais on raisonne dans l'hypothèse où l'on remplacerait le barrage à fermettes qui sert de déversoir par un barrage à hausses automobiles.

condition que, quand les hausses sont en bascule, le contre-poids mobile P″ agissant sur la volée, l'éclusier puisse facilement relever une hausse en appuyant sur sa culasse.

L'axe de suspension des hausses se trouvant à 1m.10 au-dessus de l'étiage, les hausses en bascule seront généralement à sec quand l'éclusier viendra pour les relever, le déversoir devant avoir une longueur suffisante pour débiter le volume de la rivière pendant le relèvement de la passe navigable ; or l'expression générale du moment d'une hausse à sec, les contre-poids étant séparés, est :

$$M_\alpha = P'(0.56 \sin\alpha + 0.175 \cos\alpha) - P''(0.24 \sin\alpha - 0.175 \cos\alpha) - 30.7612 \sin\alpha + 48.249 \cos\alpha.$$

Cette expression s'applique à l'un quelconque des douze barrages, et ne tient pas compte du rehaussement de 0m.02 de l'axe de suspension des hausses de Melun et de la Citanguette ; mais ce rehaussement aura pour effet de favoriser le mouvement dont nous nous occupons. Lorsqu'une hausse est en bascule, sa volée fait sous l'horizon un angle de 15°. Nous expliquerons plus tard pourquoi on a ainsi limité son mouvement de rotation, qui aurait pu ne s'arrêter qu'à la rencontre de l'arc-boutant.

Si l'on fait $\alpha = 105°$, dans l'expression générale M_α ci-dessus, on trouve :

$$M_{105} = 0.496\,P' - 0.277\,P'' - 42.213.$$

Soit F l'effort vertical que doit produire l'éclusier sur l'extrémité de la culasse à une distance d'environ 0m.68 de la volée, pour redresser la hausse, le moment de cet effort sera :

$$F(0.68 \sin\alpha + 0.175 \cos\alpha) \text{ et pour } \alpha = 105°,$$

ce moment sera

$$0.611\,F,$$

il faut qu'à l'instant du relèvement on ait

$$0,611F + M_{105} = 0$$

ou

$$0.611F = 42.213 - 0.496P' + 0.277P''.$$

on peut supposer $F = 20$ kilogrammes, et comme on a déjà $P' + P'' = 130$ kilogrammes, on déduit de ces deux équations :

$$P' = 85 \text{ kil.}, \quad P'' = 45 \text{ kil.} \quad \text{et} \quad M_{105} = -12.518.$$

Il est bon d'observer d'ailleurs que F peut s'élever jusqu'à 30 kilogrammes; qu'en outre, on peut faire varier un peu les bras de levier de P' et de P'', de sorte qu'il en résulte une certaine latitude qui permettra de n'ajuster définitivement la hausse qu'après quelques expériences.

Relèvement spontané des hausses. — Il est utile d'examiner maintenant comment se comportera une hausse en bascule avec ses deux contre-poids séparés quand elle ne sera plus à sec, mais immergée.

Supposons d'abord l'eau tranquille, c'est-à-dire sans chute ni pente de l'amont à l'aval du déversoir. Le moment général de la hausse dans ce cas est :

$$M = P'(0.488 \sin\alpha + 0.153\cos\alpha) - P''(0.209 \sin\alpha -$$
$$- 0.153\cos\alpha) + 11.744 \sin\alpha + 14.851\cos\alpha; \text{ et pour } \alpha = 105°;$$
$$M_{105} = 0.432 \times P' - 0.251 \times P'' + 7.498.$$

Si l'on fait dans cette expression

$$P' = 85 \text{ kil.} \quad \text{et} \quad P'' = 45 \text{ kil.},$$

on trouve une valeur positive

$$M_{105} = 33.373.$$

Par conséquent, si, après qu'on a mis en bascule hors de l'eau les hausses du déversoir, le niveau de l'eau venait à s'élever peu à peu par l'effet du barrage d'aval jusqu'à immerger les hausses sans courant sensible, elles tendraient à se relever spontanément jusqu'à ce que la volée sortît de l'eau et que la culasse s'y plongeât, mais, à ce moment, le relèvement s'arrêterait, parce que les moments de la volée seraient redevenus égaux à ceux de la culasse.

Observons toutefois que cette immersion sans courant ne sera jamais complète même pour un barrage à petite chute; en effet, au barrage de la Citanguette la chute normale est de $1^m.43$ dont il faut retrancher l'épaisseur de la lame déversante au Coudray ($0^m.07$) et la pente à la surface ($0^m.15$); elle est donc réduite à $1^m.21$. Or l'axe de suspension étant à $1^m.29 - 0^m.02 = 1^m.27$ sous la crête du barrage, et cet axe étant à $0^m.175$ en arrière de la face d'amont d'une hausse, on voit que quand une hausse sera horizontale sur son chevalet, sa face supérieure sera à $1^m.095$ sous la crête du barrage, c'est-à-dire qu'il s'en faudra de $1^m.21 - 1^m.095 = 0^m.115$ que son immersion soit complète, en admettant que le barrage d'aval est convenablement réglé.

Examinons maintenant comment se comportera une hausse en bascule, supposée immergée complètement dans une eau courante; c'est le cas qui se présente lorsque la passe navigable est fermée et que les hausses du déversoir se sont mises spontanément en mouvement pour donner passage à l'eau qui excède la limite de la retenue adoptée à un barrage quelconque.

Nous avons vu, au commencement du chapitre Ier, que la pression due à la vitesse de l'eau contre la volée avait pour expression $-1000l + \dfrac{KV^2\lambda^2 \cos\alpha}{4g}$, et la pression contre la culasse $+1000l| + \dfrac{KV^2\lambda'^2 \cos\alpha}{4g}$; or quand une hausse est en bascule sous l'angle de 15° indiqué plus haut, la volée est masquée par l'arc-boutant et par le chevalet, de telle sorte qu'elle ne supporte qu'en partie l'effort du courant; des expériences faites sur les hausses du barrage de Conflans paraissent indiquer que la diminution qui en résulte est d'environ les 3/4 du moment total, de sorte que l'expression

$$\frac{1\,000 l \times KV^2\lambda^2 \cos\alpha}{4g} \text{ est réduite à peu près à } \frac{1\,000 l KV^2\lambda^2 \cos\alpha}{16g}.$$

Nous savons d'ailleurs que λ est à peu près double de λ', par suite le moment de la pression sous la culasse est à peu près égal au moment réel de la pression sous la volée, nous admettrons donc que ces deux forces se détruisent.

Nous admettrons encore qu'au-dessus des hausses en bascule l'eau coule parallèlement à leur surface ; comme cette hypothèse est admissible, les résultats que nous déduirons des calculs seront des appréciations suffisantes pour montrer comment les hausses fonctionnent.

Les hausses en bascule étant supposées immergées, toutes les pressions dues aux hauteurs d'eau disparaissent, de sorte qu'il ne reste que le seul terme $M\alpha$ dans l'expression générale donnée au chapitre Ier pour la somme des moments d'une hausse dans une position quelconque, mais l'écoulement de l'eau produit de nouvelles forces dont nous devons tenir compte maintenant, parce que nous ne pouvons plus supposer, comme dans les calculs précédents, la hausse réduite à son axe.

Ces forces sont les pressions dues à la vitesse de l'eau qui frappe :

1° Le pied de la hausse, 2° le contre-poids mobile qui fait saillie sur la hausse, 3° la saillie du contre-poids fixe, 4° les saillies de la traverse de la volée de la hausse et des deux taquets qui réunissent ces montants de rive aux montants intermédiaires.

Ainsi que nous venons de le dire, l'expression générale de la force produite par le choc de l'eau contre une surface est $\frac{KLV^2 \cos\alpha}{2g} \times 1\,000\, l$ en remplaçant le produit Ll par la surface frappée S et remarquant que $\cos \alpha = 1$ puisque nous avons supposé que l'eau coulait parallèlement à la hausse, l'expression générale qui précède devient

$$\frac{K \times 1\,000 SV^2}{2g}. \quad \text{Or} \quad \frac{1\,000\,K}{2g} = \frac{1\,200}{19.62} = 61.1.$$

Cette expression générale peut donc se mettre sous la forme

$$61.1 \times SV^2.$$

Le tableau qui suit donne le moment de chacune des nouvelles forces que nous venons de signaler.

DÉSIGNATION DES FORCES.	VALEUR de la surface frappée — S.	VALEUR de la force $61.1 \times SV^2$.	BRAS de levier.	MOMENTS.
Pression contre la traverse de la culasse d'une hausse.	m.q $0.12 \times 1.30 = 0.156$	m. $9.5316\,V^2$	m. 0.1125	m. $1.0723 V^2$
Pression contre le contre-poids mobile.	$0.12 \times 0.80 = 0.096$	$5.8656\,V^2$	0.2625	$1.5397 V^2$
Pression contre la saillie du contre-poids fixe.	$0.03 \times 1.30 = 0.039$	$2.3829\,V^2$	0.0375	$0.0894 V^2$
Pression contre la traverse de la volée (saillie inférieure). . . .	$0.82 \times 0.06 = 0.049$	$2.9939\,V^2$	0.1125	$0.3368 V^2$
Pression contre les deux taquets (saillies inférieures).	$0.24 \times 0.09 = 0.022$	$1.3442\,V^2$	0.0975	$0.1311 V^2$
Moment total.	. . . .	. . . .	. . . .	$3.1693 V^2$

La somme des moments des forces qui tendent à maintenir une hausse en bascule, étant $3.1693\,V^2$, il faut pour le relèvement spontané d'une hausse, qu'on ait

$$M_{105} > 3.1693 V^2 \quad \text{ou} \quad V^2 < \frac{M_{105}}{3.1693}.$$

Supposons d'abord les deux contre-poids séparés et le contre-poids mobile agissant sur la volée; nous avons vu qu'alors $M_{105} = 33.373$, il faut donc que

$$V^2 < \frac{33.373}{3.1693} \quad \text{ou} \quad V^2 < 10.53 \quad \text{ou} \quad V < 3^{m}.2;$$

c'est-à-dire que toutes les fois que la vitesse moyenne d'écoulement à la rencontre d'une hausse en bascule sera moindre que $3^m.2$, cette hausse se relèvera spontanément même lorsque ses contre-poids seront séparés, or une vitesse de $3^m.2$ correspond à une chute de $0^m.52$. Quand une hausse est en bascule, la partie de sa face supérieure qui correspond à une normale menée par l'axe de rotation se trouve à $0^m.16$ au-dessus de cet axe, ou à $1^m.29 - 0^m.16 = 1^m.13$ sous la retenue normale, et cette partie correspond à peu près à la vitesse moyenne de l'eau qui frappe la hausse; mais pour que la chute soit réduite de $1^m.13$ à $0^m.52$, il faut que le niveau d'amont s'abaisse de $0^m.61$; conséquemment des hausses en bascule se relèveront spontanément quand le niveau d'amont sera descendu à $0^m.61$ sous le niveau de la crête du barrage lorsque leurs contre-poids seront séparés.

Supposons maintenant la hausse en bascule avec ses deux contre-poids réunis ; on a toujours la relation

$$V^2 < \frac{M_{105}}{3.1693}.$$

Or lorsque les deux contre-poids sont réunis on a

$$M_{105} = 0.432\ P + 7.498 \quad \text{ou} \quad M_{105} = 63.658\,;$$

il faut donc que

$$V^2 < \frac{63.658}{3.1693} \quad \text{ou} \quad V^2 < 20.08 \quad \text{ou} \quad V < 4^m.4,$$

vitesse qui correspond à une chute de $0^m 99$, or nous avons déjà dit que la ligne de séparation entre la culasse et la volée se trouve à $1^m,13$ sous la retenue normale, il en résulterait donc que les hausses qui se sont mises en bascule, comme nous l'avons dit, sous une lame déversante variant de $0^m.07$ à $0^m.25$, suivant les barrages, se relèveront spontanément quand le niveau d'amont sera descendu à $1^{m}.13 - 0,99 = 0^{m}.14$ sous le niveau de la crête du barrage, si les contre-poids sont fixés sur la culasse.

Les calculs qui précèdent ne sont qu'approximatifs, et il est difficile de les faire exactement avant d'avoir quelques nouvelles expériences pour fixer des quantités que nous ne connaissons pas bien, telles que la perte de force due à la présence du chevalet et de l'arc-boutant, l'inclinaison de la nappe d'eau qui s'écoule sur les hausses en bascule et la détermination de la vitesse moyenne au droit des parties frappées; quoi qu'il en soit, ces calculs montrent suffisamment comment les hausses fonctionnent.

Il y aurait encore à calculer comment, dans le dernier cas examiné, une hausse en bascule qui a commencé à se relever continuera son mouvement pour se dresser complétement. On comprend que dès que cette hausse, en se relevant, a dépassé la position horizontale, nos hypothèses sur le parallélisme du courant de chute ne sont plus admissibles et qu'il faut tenir compte des forces exercées, soit par le poids, soit par la vitesse de l'eau contre la culasse et la volée; mais les bases manquent pour établir ce calcul, et nous devons nous borner à dire, quant à présent, que, d'après les expériences faites à Conflans, toute hausse qui, ayant ses deux contre-poids sur la culasse, commence à se relever, continue son mouvement jusqu'à ce qu'elle soit complétement dressée.

Nous avons vu que les hausses en bascule avec contre-poids séparés, se relèveraient quand elles seraient immergées et que la vitesse serait inférieure à $3^{m}.20$; nous avons vu aussi que dans les petites chutes, telles que celles des barrages de la Citanguette et de Melun, ce cas pourrait se présenter; il ne faut pas cependant que les hausses puissent se redresser spontanément pendant que l'on ferme les passes navigables de ces barrages. Pour empêcher ce redressement dans le cas particulier que nous venons de signaler, il suffira, comme nous l'avons déjà dit, d'allonger sur la volée les supports du contre-poids mobile.

Inclinaison d'une hausse en bascule. — L'angle d'une hausse en bascule a été fixé à 15° sous l'horizon, parce qu'il faut que cet angle soit suffisant pour assurer le glissement du contre-poids mobile, même quand ses supports sont un peu rouillés; il faut d'ailleurs limiter autant que possible cet angle pour diminuer la course des hausses et les chocs qu'elles produiront quand elles exécuteront leurs mouvements spontanés.

Un angle plus grand rendrait plus difficiles les manœuvres et le relèvement spontané des hausses.

Chocs d'une hausse. — Quand une hausse est dressée dans sa position initiale sous l'angle $\alpha_1 = 10°$ et immergée, son moment est comme nous l'avons vu :

$$M_{\alpha_1} = 0.236\,P + 22.17 = 0.236 \times 130 + 22.17 = 52.85.$$

Quand elle est horizontale et immergée, son moment est 74.66. On comprend donc que lorsqu'une hausse se dresse spontanément, elle doit produire un choc assez violent sur son seuil; c'est pour éviter les inconvénients de ce choc qu'on a disposé le seuil en un plan incliné que la hausse atteint d'abord, de sorte que la force qui aurait produit ce choc s'emploie à monter la hausse sur ce plan avant de s'appliquer contre la face antérieure du seuil.

Barrages à fortes chutes. — Nous avons calculé précédemment la valeur de P en supposant $H = 1^m.21$, c'est-à-dire en admettant la plus faible chute possible; faisons maintenant le calcul semblable en supposant $H = 1^m.98$, c'est-à-dire pour les barrages dont la chute est telle que la culasse d'une hausse dressée est entièrement au-dessus du niveau d'aval.

L'équation générale d'équilibre est, comme on l'a déjà vu :

$$M_{\alpha_1} = \frac{1\,000 l}{6 \cos^2 \alpha}\Big[3u \cos^3 \alpha_1 (\lambda^2 - \lambda'^2) + H^3 - 3H^2 \lambda \cos^2 \alpha_1 +$$

$$+ 3H \cos^2 \alpha_1 (\lambda^2 - \lambda'^2) + \frac{3KV^2 \cos^3 \alpha_1 (\lambda^2 - \lambda'^2)}{2g}\Big];$$

on a d'ailleurs :

$$M_{\alpha} = P\,(0.56 \sin \alpha + 0.175 \cos \alpha) - 30.7612 \sin \alpha + 48.249 \cos \alpha;$$

si l'on fait dans ces expressions :

$$\alpha = \alpha_1 = 10^{\circ}, \quad l = 1.3, \quad \lambda \cos \alpha_1 = 1.28, \quad \lambda' \cos \alpha_1 = 0.70,$$
$$K = 1.2, \quad V = 0.32, \quad 2g = 19.62, \quad H = 1^{m}.98,$$

on arrive à l'équation :

$$P = 2860\,.\,u - 527,$$

tandis que pour les petites chutes nous avions trouvé :

$$P = 3260.63\,u + 171.$$

Si l'on fait $P = 130$, dans la première on en tire $u = 0^{m}.219$. Les valeurs de P' et de P'' déterminées précédemment conviennent donc également aux barrages à grandes chutes ; les hausses des déversoirs de ces barrages ne se mettront en bascule que lorsque la lame déversant au-dessus de leur crête aura atteint environ $0^{m}.24$ (en tenant compte du frottement).

Pour compléter ce paragraphe, il est nécessaire de faire voir comment un barrage à grande chute peut être réglé de manière que l'épaisseur de la lame déversant sur sa crête ne dépasse jamais $0^{m}.07$ environ. Nous avons vu, en effet, que ce cas se présentait pour le barrage du Coudray qui se trouve en aval d'un barrage à petite chute.

On comprend, *a priori*, qu'il suffira pour y parvenir d'abaisser d'environ $0^{m}.02$ l'axe de suspension des hausses du déversoir du Coudray ; il nous paraît inutile de reproduire ce calcul, qui est analogue à ceux déjà faits et qui confirme cette prévision.

Ainsi, en admettant toutefois un écart de $0^m.02$ en plus ou en moins dans la position de l'axe de suspension, on voit que les hausses des douze barrages peuvent être établies suivant un modèle uniforme, et nous avons démontré comment les éléments de ce modèle devaient être déterminés. L'écart dont nous parlons n'affectera nullement la fabrication, mais seulement la pose des chevalets, et cela d'une manière insignifiante. Il demeure bien démontré d'ailleurs que si l'on ne peut arriver tout d'abord par le calcul à des résultats complétement exacts, il sera du moins toujours possible en pratique de régler convenablement les hausses des déversoirs.

Nous terminons cette étude en examinant dans un nouveau chapitre les relations qui existent entre les puissances et les résistances dans un barrage à hausses.

CHAPITRE IV.

CALCULS DES PUISSANCES ET DES RÉSISTANCES.

Résultante des forces qui agissent sur une hausse. — Nous avons vu dans le chapitre Ier que la somme des moments des forces qui agissent sur une hausse dressée dans sa position initiale, et abstraction faite du frottement, a pour expression :

$$(1)\quad \frac{1000l}{6\cos^2\alpha_1}\Big[5u\cos^2\alpha_1(\lambda'^2-\lambda^2)-H^3+3H^2\lambda\cos\alpha_1+ +3H\cos^2\alpha_1(\lambda'^2-\lambda^2)+\frac{3KV^2\cos^3\alpha_1(\lambda'^2-\lambda^2)}{2g}+\frac{6M\alpha_1\cos\alpha_1}{1000l}\Big].$$

Pour ne pas entrer inutilement dans des calculs trop longs, nous négligerons le poids de la hausse et la pression due à la vitesse de l'eau; nous en tiendrons compte ultérieurement.

L'expression de la somme des moments se réduit alors à :

$$(2)\quad \frac{1000l}{6\cos^2\alpha_1}\left[3u\cos^2\alpha_1(\lambda'^2-\lambda^2)-H^3+3H^2\lambda\cos\alpha_1+\right.$$
$$\left.+3H\cos^2\alpha_1(\lambda'^2-\lambda^2)\right].$$

On trouve facilement, au moyen des expressions données au commencement du chapitre Ier, que la somme des forces dont les moments sont pris en considération a pour expression :

$$(3)\quad \frac{1000l}{2\cos\alpha_1}\left[2\cos\alpha_1(\lambda+\lambda')(u+H)-H^2\right].$$

Le point d'application de la résultante se trouve donc à une distance de l'axe de suspension égale à

$$(4)\quad \frac{3u\cos^2\alpha_1(\lambda'^2-\lambda^2)-H^3+3H^2\lambda\cos\alpha_1+3H\cos^2\alpha_1(\lambda'^2-\lambda^2)}{3\cos\alpha_1[2\cos\alpha_1(\lambda+\lambda')(u+H)-H^2]}=\delta.$$

Supposons qu'il s'agisse d'une hausse de passe navigable, et faisons par conséquent :

$$\alpha_1=8^\circ,\quad \cos\alpha_1=0.99,\quad \lambda\cos\alpha_1=1.73,\quad \lambda'\cos\alpha_1=1.35.$$

Si de plus nous supposons $u=0^m.25$, épaisseur maximum de la lame déversante, le bras de levier de la résultante peut alors se mettre sous la forme :

$$(5)\quad \delta=\frac{-H^3+5.19\ H^2-341\ H-0.85}{-1.98\ H^2+12.80\ H+3.05}.$$

Enfin si l'on donne à H sa plus grande valeur, $2^m.40$, on trouve $\delta=0^m.64$ et l'expression (3) donne pour résultante des pressions d'amont et d'aval 6402 kilogrammes.

Une hausse de passe navigable pèse environ 400 kilogrammes et la composante de ce poids, normale à la hausse, sera égale à $400\times\cos 82^\circ=400\times 0.14=56$ kilogrammes.

La pression due à la vitesse de l'eau a pour valeur

$$\frac{K(\lambda+\lambda')V^2}{2g}\,1000l\cos\alpha \quad \text{(Chap. I)},$$

qui dans l'espèce représente 23 kilogrammes.

La résultante normale de toutes les forces qui agissent sur une hausse de passe navigable est donc en réalité de $6402 + 56 + 23 = 6481$ kilogrammes; elle passe à $0^{m}.63$ de l'axe de suspension, et elle se décompose en deux autres qui lui sont parallèles, l'une au droit du seuil, l'autre au droit de l'axe de suspension.

La première a pour valeur $\frac{6481 \times 0.63}{1.35} = 3025$ kil.

La seconde a pour valeur $\frac{6481 \times 0.72}{1.35} = 3456$ kil.

Pression sur le seuil d'une hausse. — La composante normale à la hausse au-dessus du seuil peut elle-même se décomposer en deux autres, l'une verticale qui a pour valeur

$$3025 \cos 82° = 3025 \times 0.14 = 422^{k}.50\,;$$

l'autre horizontale et qui a pour valeur :

$$3025 \cos 8° = 3025 \times 0.99 = 2994^{k}.75.$$

Ainsi le seuil d'appui d'une hausse est d'abord soumis à deux forces, l'une verticale dirigée de haut en bas et égale à 422 kilogrammes, l'autre horizontale et égale à 2 995 kilogrammes.

Ce n'est pas ici le lieu de dire comment on s'arrange pour détruire ces forces; nous allons voir d'ailleurs que ce même seuil subit encore d'autres efforts par l'intermédiaire du chevalet.

Force d'arrachement. — La composante normale à la hausse au droit de l'axe de suspension, et que nous avons vue être égale à 3456 kilogrammes, peut se décomposer en deux, l'une verticale dans le prolongement de l'axe de figure du chevalet, l'autre suivant l'arc-boutant ; et comme l'arc-boutant fait avec la hausse un angle de 60°, on en conclut que la composante verticale a pour expression :

$$3456 \times \frac{\sin 30^\circ}{\sin 52^\circ} = 3456 \times \frac{0.50}{0.79} = 2187 \text{ kil.},$$

et que la composante suivant l'arc-boutant a pour valeur :

$$3456 \times \frac{\sin 98^\circ}{\sin 52^\circ} = 4331 \text{ kil.};$$

ainsi le seuil recevra, par l'intermédiaire des colliers du chevalet, une troisième force dont la valeur est de 2 187 kilogrammes et qui tend à le soulever. C'est à cette force que le système de construction du radier doit opposer une résistance convenable.

Pression sur le heurtoir. — La composante égale 4 331 kilogrammes dirigée suivant l'arc-boutant se transmet sur le heurtoir où on peut la décomposer en deux, l'une verticale, l'autre horizontale ; l'arc-boutant est incliné à 38° sur l'horizon ; la composante horizontale a donc pour expression

$$4331 \text{ kil.} \times \cos 38^\circ = 4331 \times 0.79 = 3421 \text{ kil.}$$

La composante verticale a pour expression

$$4331 \sin 38^\circ = 4331 \times 0.616 = 2668 \text{ kil.}$$

Le système de construction du radier devra être combiné de manière à détruire ces forces comme les précédentes.

Enfin, les dimensions de la charpente de la hausse, de ses ferrures, du chevalet, de ses tourillons et de ses colliers, de l'arc-boutant, etc., devront être calculées en raison des efforts que nous venons de trouver.

Traction de la barre à talons. — La pression de l'arc-boutant sur son heurtoir est, comme nous l'avons vu, de 4 331 kilogrammes ; par conséquent, le frottement à vaincre pour faire glisser le pied de l'arc-boutant serait égal à environ 0.18×4331 kilogrammes $= 780$ kilogrammes si le front du heurtoir était normal à la direction de la pression, c'est-à-dire à l'axe de l'arc-boutant; mais pour diminuer ce frottement et faciliter ainsi la manœuvre, on donne au front du heurtoir une inclinaison vers la glissière, soit $90 + \alpha$ l'angle de l'axe de l'arc-boutant et du front du heurtoir, soit f le coefficient du frottement et P la pression de l'arc-boutant, l'effort à vaincre sera égal à $P\,(f \cos \alpha - \sin \alpha)$, et comme on a à peu près $f = \text{tang } 10°$ l'expression précédente peut se mettre sous la forme

$$P \frac{\sin (10° - \alpha)}{\cos 10°}.$$

Il en résulte qu'en faisant varier α de 0° à 10°, la force nécessaire pour produire le glissement variera de 780 kilogrammes à 0, on la modérera donc à volonté; il est bon cependant que le frottement à vaincre conserve une certaine intensité, sans quoi la hausse pourrait tomber d'elle-même, il n'y a pas d'inconvénient d'ailleurs à ce que le frottement soit assez grand, puisque l'éclusier agit par l'intermédiaire d'un engrenage dont on règle comme on veut les dispositions.

On a admis $\alpha = 3°$ pour les heurtoirs de la Seine, la valeur du frottement est alors

$$4331 \times \frac{\sin 7°}{\cos 10°} = 4331 \times \frac{0.12}{0.98} = 531 \text{ kil.}$$

Pour que la barre à talons abatte une hausse il faut qu'elle surmonte non-seulement le frottement de l'arc-boutant, mais encore le sien; or la plus grande barre à talons de la haute Seine a une longueur de 31 mètres et pèse environ 670 kilogrammes, son frottement sera donc égal à $0.18 \times 670^k = 120$ kilogrammes. La résistance à vaincre pour abattre la première hausse sera donc au plus égale à $531 + 120^k = 651$ kilogrammes.

Puissance nécessaire pour abattre la première hausse. — L'engrenage adopté consiste en deux pignons de $0^m.06$ de rayon et une grande roue de $0^m.50$ de rayon. Le bras de levier au bout duquel agit l'éclusier a également $0^m.50$ de longueur. L'effort de l'éclusier, c'est-à-dire la puissance nécessaire pour la manœuvre, aura donc pour valeur :

$$651^k \times \frac{0.06 \times 0.06}{0.50 \times 0.50} = 9^k.37.$$

Enfin la section et les assemblages d'une barre à talons devront être déterminés et éprouvés en vue de la traction maximum de 651 kilogrammes que doit subir cette barre.

Puissance nécessaire pour relever une hausse. — Pour relever une hausse couchée, l'éclusier, monté sur le bateau de manœuvre, attire à lui cette hausse au moyen d'une corde ou d'une chaîne accrochée à la poignée de la culasse, passant sur la poulie fixée à l'avant du bateau et rattachée à un treuil placé sur ce bateau.

Les hausses de passe navigable étant les plus grandes, présentent le plus de résistance ; nous supposons donc qu'il s'agit de relever une hausse de passe navigable, nous supposons également qu'elle est réduite à un plan sur lequel se trouve son axe de suspension. (Voir le chapitre 1er.)

Nous adoptons les notations suivantes (*fig.* 15) :

φ tension de la corde qui tire la hausse;

a distance horizontale entre la dernière poulie du bateau et l'axe inférieur du chevalet ;

b hauteur verticale entre le dessus de cette poulie et l'axe inférieur du chevalet;

h hauteur de l'eau au-dessus de l'étiage à l'amont du barrage ; et comme nous supposons l'eau à l'étiage en aval, h représente aussi la chute au droit de la hausse à relever ;

N la réaction du chevalet sur les hausses à leur articulation ;

N′ la réaction de la hausse sur l'arc-boutant au point d'appui qu'elle prend à l'extrémité de la volée;

N″ la réaction du chevalet sur l'arc-boutant à leur articulation;

N‴ La réaction des colliers inférieurs du chevalet;

δ l'angle de la corde de traction avec la verticale;

α l'angle du chevalet sur l'horizon;

β l'angle de l'arc-boutant sur l'horizon;

h' la hauteur qui correspond à la vitesse V de l'eau à quelque distance en amont du barrage, $V = \sqrt{2gh'}$;

N^{iv} La pression de l'extrémité de l'arc-boutant sur la glissière; $\gamma, \gamma'', \gamma'''$, les angles des réactions N, N″, N‴ avec la verticale.

Nous allons exprimer que toutes les forces qui agissent sur la hausse se font équilibre, et par conséquent que la somme de leurs moments par rapport à un point quelconque de leur plan est nulle ainsi que la somme de leurs projections sur deux directions quelconques dans leur plan.

Les forces qui agissent sur la hausse à un instant quelconque de son relèvement sont:

1° La puissance φ. — Son moment par rapport à l'axe de suspension de la hausse est:

$$1.36\varphi \cos(\delta + \beta).$$

On trouve facilement d'ailleurs que,

$$\sin\beta = 0.53 \quad \sin\alpha \qquad (1)$$

et

$$\operatorname{tang}\delta = \frac{a + 1.42\cos\alpha - 1.36\sqrt{1 - 0.28\sin^2\alpha}}{b - 2.14\sin\alpha}, \qquad (2)$$

en supposant que la volée porte sur l'arc-boutant, et que par conséquent la hausse fasse un angle β sur l'horizon.

2° Le poids de la hausse. — Une hausse immergée pèse 103 kilogrammes et son centre de gravité se trouve sur la culasse à une distance de l'axe de suspension égale à $0^m.78$, son moment sera donc :

$$-103 \times 0.78 \cos\beta = -80.34 \cos\beta;$$

3° La pression due à la vitesse de l'eau sur la base de la hausse, sur la partie saillante du chevêtre de la volée et sur les deux taquets qui réunissent entre eux les montants. — Nous avons vu, chapitre III, que la pression produite par un courant animé d'une vitesse V contre une surface S normale à sa direction a pour expression $61.1\,SV^2$; nous supposons, comme plus haut, que le courant est parallèle à la surface de la hausse et normal à son pied; la somme des surfaces frappées énoncées ci-dessus est $S = 0^{mq}.239$. On a d'ailleurs $V^2 = 2g(h+h')$. Enfin, comme nous avons supposé le niveau naturel de l'eau à l'étiage, on a $h' = 0^m.01$, hauteur qui correspond à la vitesse $V = 0^m.44$ observée sur la Seine à l'étiage, et comme l'axe de suspension est à $0^m.13$ au-dessous de l'axe de figure de la hausse, le moment de la pression due à la vitesse sera:

$$-61.1 \times 0.239 \times 19.62(h+0.01) \times 0.13 = -37.24\,(h+0.01).$$

La composante horizontale de cette pression sera:

$$-286\ 45\,(h+0.01) \times \cos\beta.$$

La composante verticale de la même pression sera:

$$-286.45\,(h+0.01) \times \sin\beta.$$

4° La pression due à la hauteur de l'eau. — Nous avons supposé qu'il existait une chute h de l'amont à l'aval de la hausse ; la surface de l'eau au droit de cette chute est à peu près celle d'un cylindre ayant pour section normale aux génératrices une parabole dont l'équation rapportée à son axe et à la tangente au sommet serait $y^2 = \frac{h}{2}x$, laquelle donne $x = 2h$ pour $y = h$.

La pression produite pas la chute peut se faire sentir à la fois sur la culasse et la volée ; la hausse présente à la pression de l'eau une surface d'autant plus grande qu'elle est plus inclinée de l'amont vers l'aval. Cette inclinaison augmenterait à mesure que le chevalet se redresse, et atteindrait son maximum quand il est debout, si l'on n'avait pas imaginé d'adapter aux colliers de la hausse des talons qui, en pressant sur la tête du chevalet à partir d'un certain moment, réagissent de manière que l'inclinaison de la hausse se réduit à 15° quand le chevalet est debout, c'est-à-dire lorsqu'elle devrait atteindre son maximum.

Il résulte de cette disposition que la culasse supporte seule le poids de la chute d'eau quand les talons agissent ; toutefois il faut encore, pour qu'il en soit ainsi, que la hauteur de la chute h soit telle que la projection horizontale du paraboloïde qu'elle forme ne puisse s'étendre jusqu'à la volée ; mais pour que la volée pût être atteinte, il faudrait que la hauteur h fût très-grande ; quand cette hauteur est grande, la culasse est forcément immergée ; une partie du poids de l'eau pèse sur la culasse, au lieu de réagir en-dessous, et la pression de l'eau ne produit pas son maximum d'effet.

La valeur maximum que h puisse avoir est $0^{m}.78$, ainsi qu'on le verra plus loin.

Nous supposerons donc que la culasse porte seule la pression de l'eau, et, pour rester dans les conditions défavorables, qu'elle est baignée par le niveau d'amont, mais qu'elle est au-dessus du niveau d'aval ; sa surface est de $1^{m}.20 \times 1^{m}.36 = 1^{mq}.652$; son centre de figure se trouve sous le niveau d'amont à une profondeur de

$$h + 0.78 - 1.42 \sin \alpha - 0.68 \sin \beta = h + 0.78 - 1.78 \sin \alpha.$$

La pression est donc égale à

$$1.632 (h + 0.78 - 1.78 \sin \alpha).$$

Son moment s'obtient en le multipliant par 0.68 ; il est égal à :

$$-1.11\,(h+0.78-1.78\sin\alpha).$$

La composante horizontale est $-(h+0.78-1.78\sin\alpha)\times 1.63\sin 6$.

La composante verticale est $+(h+0.78-1.78\sin\alpha)\times 1.63\cos\beta$.

5° La réaction N du chevalet sur la hausse — Son moment est nul, et si l'on appelle γ l'angle de cette réaction avec la verticale, sa composante horizontale sera $-N\sin\gamma$, et sa composante verticale $-N\cos\gamma$.

6° La réaction N' de la hausse sur l'arc-boutant. — Cette réaction s'exerce à l'extrémité de la volée ; on peut admettre qu'elle est normale à l'arc-boutant, car il n'y a pas de glissement avec les deux surfaces en contact.

Son moment est $-1.75N'$;
Sa composante horizontale est $-N'\sin\beta$;
Sa composante verticale est $-N'\cos\beta$.

7° La pression due à la vitesse de l'eau sous la hausse. — Nous avons supposé plus haut que l'eau coulait parallèlement à la hausse pendant son relèvement ; d'autre part, la hausse décrit avec sa culasse une espèce de surface enveloppe du paraboloïde produit par la chute. Ainsi l'eau ne produit que peu de choc contre la hausse, si ce n'est dans des positions exceptionnelles ; nous pouvons donc négliger cette pression.

Égalant à zéro : 1° la somme des moments, 2° la somme des projections verticales, 3° la somme des projections horizontales des six forces dont nous venons de tenir compte, on obtient les trois équations suivantes :

(3) $$1.36\,\varphi\cos(\beta+\delta)=80.34\cos\beta+37.24\,(h+0.01)+ \\ +1.11\times(h+0.78-1.78\sin\alpha)+1.75N';$$

(4) $$\varphi\sin\delta=286.45\,(h+0.01)\cos\beta+(h+0.78- \\ -1.78\sin\alpha)\,1.63\sin\beta+N\sin\gamma+N'\sin\beta;$$

(5) $$\varphi\cos\delta=103+286.45\,(h+0.01)\sin\beta-(h+0.78- \\ -1.78\sin\alpha)\,1.63\cos\beta+N'\cos\beta+N\cos\gamma.$$

Établissons de même les conditions d'équilibre du chevalet, en prenant les moments par rapport à son axe inférieur de rotation.

Les forces qui agissent sur le chevalet sont —

1° La réaction N de la hausse,

Son moment est $1.42\,N$;
Sa composante horizontale est $N \sin \gamma$;
Sa composante verticale $N \cos \gamma$.

2° Le poids du chevalet. — Un chevalet immergé pèse 87 kilogrammes, et son centre de gravité est à peu près en son milieu; son moment sera donc :

$$-0.71 \times 87 \cos \alpha = -61.77 \cos \alpha.$$

3° La réaction N'' de l'arc-boutant. — Si l'on représente par γ'' l'angle de cette réaction avec la verticale,

Son moment sera $-1.42\,N'' \cos(\gamma'' - \alpha)$;
Sa projection horizontale sera $-N'' \sin \gamma''$;
Sa projection verticale sera $-N'' \cos \gamma''$;

4° La réaction N''' des colliers de la base du chevalet. — Son moment est nul, et si l'on désigne par γ''' son angle avec la verticale,

Sa composante horizontale sera $-N''' \sin \gamma'''$;
Sa composante verticale sera $-N''' \cos \gamma'''$.

L'équilibre du chevalet produit les trois équations suivantes :

(6) $1.42\,N = 61.77 \cos \alpha + 1.42\,N'' \cos(\gamma'' - \alpha)$;

(7) $N \sin \gamma = N'' \sin \gamma'' + N''' \sin \gamma'''$;

(8) $N \cos \gamma = 87 + N'' \cos \gamma'' + N''' \cos \gamma'''$.

Établissons enfin les conditions d'équilibre de l'arc-boutant en prenant les moments par rapport à son point de contact avec la glissière.

Les forces qui agissent sur l'arc-boutant sont :

1° La réaction N″ du chevalet sur l'arc-boutant —

Son moment est $2.66\,N''\cos(\beta+\gamma'')$;
Sa projection horizontale est $N''\sin\gamma''$;
Sa projection verticale est $N''\cos\gamma''$;

2° Le poids de l'arc-boutant. — Un arc-boutant immergé pèse 122 kilogrammes, et son centre de gravité se trouve à peu près au tiers de sa longueur, à cause du renflement que présente sa partie inférieure. Nous admettrons que ce centre de gravité se trouve à 0m.90 de l'extrémité. Son moment est :

$$-0.90\times 122\times\cos\beta = -109.8\cos\beta.$$

3° La réaction N′ de la hausse. — La hausse s'appuie à 1m.75 de son axe de suspension, ou à 0m.94 du pied de l'arc-boutant; cette réaction étant normale à l'arc-boutant, comme nous l'avons déjà dit,

Son moment est $-0.94\,N'$;
Sa projection horizontale est $+N'\sin\beta$;
Sa projection verticale est $-N'\cos\beta$.

4° La réaction N^{IV} de la glissière sur le pied de l'arc-boutant. — Son moment est nul et sa direction est normale à la glissière, c'est-à-dire verticale, puisque ces deux pièces ne font que reposer l'une sur l'autre.

Sa composante horizontale est donc zéro
Et sa composante verticale est N^{IV}.

L'équilibre de l'arc-boutant donne les trois équations suivantes :

(9) $2.66\,N''\cos(\beta+\gamma'') = 109.8\cos\beta + 0.94\,N'$;
(10) $N''\sin\gamma'' = -N'\sin\beta + fN^{\text{IV}}$;
(11) $N''\cos\gamma'' = 122 + N'\cos\beta + N^{\text{IV}}$.

(f désigne le coefficient du frottement du pied de l'arc-boutant.)

Si maintenant entre les onze équations (1) (2) (3) (4) (5) (6) (7) (8) (9) (10) et (11) on élimine les dix quantités N, N′, N″, N‴, N^{IV}, γ, γ'' γ''', β et δ, il restera une équation unique entre a, b, h, α et φ, laquelle, pour des valeurs données de a, b et h, c'est-à-dire pour une position donnée de l'avant du bateau et pour une chute déterminée, fera connaître la valeur de la puissance φ en fonction de l'angle α.

Cette élimination conduirait à des calculs extrêmement longs et qui paraissent même impraticables.

Ce qu'il importe de connaître, c'est la valeur maximum de φ quand α varie ; si l'on différentie les onze équations précédentes par rapport à α, on aura onze nouvelles équations encore plus compliquées que les précédentes qui, avec elles, formeraient un ensemble de vingt-deux équations entre lesquelles on aura vingt quantités à éliminer pour trouver φ et $\frac{d\varphi}{d\alpha}$.

Nous sommes donc forcé de renoncer à la solution générale du problème que nous avions posé ; mais nous pouvons trouver par une autre voie une limite de la valeur maximum de φ.

On comprend, et l'expérience est d'accord en cela avec le raisonnement, on comprend, disons-nous : 1° que dans le premier instant du relèvement, lorsque la hausse est encore couchée, la composante verticale de φ a sa plus grande valeur ; 2° que la plus grande valeur de la composante horizontale de φ a lieu quand le chevalet est vertical, et que la hausse est en bascule appuyée par sa volée sur l'arc-boutant, abstraction faite, bien entendu, des oreilles des colliers de la hausse.

Déterminons donc chacun de ces maxima.

Calcul de la composante verticale de la puissance quand la hausse est couchée.

La hausse couchée est soumise à son poids, à celui de l'arc-boutant, à celui du chevalet, à celui de l'eau qui pèse sur sa culasse, à la pression due à la vitesse de l'eau qui frappe sur son about, et enfin à diverses réactions qui prennent naissance aux articulations ; mais nous négligerons ces diverses réactions dont les composantes verticales sont peu importantes, autant du moins qu'on peut le conclure des expériences faites à Conflans, et nous allons écrire que $\varphi \cos \delta$ est égal à la somme des autres forces verticales.

1° *Poids de la hausse.* — Le poids d'une hausse immergée est de 103 kilogrammes.

2° *Poids du chevalet.* — Le poids d'un chevalet immergé est de 89 kilogrammes, et si l'on suppose son centre de gravité en son milieu, on voit que le poids à soulever n'est réellement que de la moitié, soit 44 kilogrammes.

3° *Poids de l'arc-boutant.* — Le poids d'un arc-boutant immergé est de 122 kilogrammes, et si l'on suppose son centre de gravité au tiers de sa hauteur à cause du renflement que présente la base, le poids à soulever ne sera que du tiers, soit 41 kilogrammes.

4° *Poids de l'eau qui pèse sur la culasse.* — Le paraboloïde droit dont la directrice a pour équation $y^2 = \frac{h}{2}x$ et qui commence à peu près au droit des hausses déjà dressées, s'étendra d'autant plus loin que la chute sera plus grande. Ainsi, pour une chute de $0^m.78$, il s'étendra horizontalement à $1^m.56$ en aval du barrage, c'est-à-dire à peu près au droit de l'axe de suspension de la hausse couchée ; pour une chute plus faible, il ne couvrira qu'une partie de la culasse, et pour une chute plus forte, il couvrira la culasse et une partie plus ou moins grande de la volée. Une chute de $1^{m}.54$ l'étendrait jusqu'à l'extrémité de la volée.

En pratique, la chute de la cataracte, pendant la fermeture du barrage, ne doit pas être plus grande que $0^{m}.60$; quand l'eau est à l'étiage, il passe alors par-dessus le radier du déversoir une lame d'eau de $0^{m}.10$ d'épaisseur.

Si l'on admet que la manœuvre du relèvement des hausses se fait quand l'eau entière de la rivière passe par-dessus le déversoir à l'époque de l'étiage, on trouve que l'épaisseur de la lame sur le radier du déversoir est de $0^{m}.28$ et la hauteur de la cataracte $0^{m}.78$.

Introduire h avec cette valeur dans les calculs, c'est donc se placer dans une condition exceptionnelle, et par conséquent chercher pour la composante horizontale de φ une valeur maximum. Dans cette hypothèse, la culasse de la hausse couchée supportera seule le poids du paraboloïde. Ce poids a pour valeur $0^{mq}.36$ (surface du segment parabolique pour $x=1^{m}.36$) $\times 1^{m}.20$ (largeur de la hausse) $\times 1\,000^{k} = 432$ kilogrammes ; la valeur maximum de φ cos δ sera donc :

$$\varphi \cos \delta = 103 + 44 + 41 + 432 = 620 \text{ kil.}$$

Calcul de la composante horizontale de la puissance quand le chevalet est vertical.

Les résistances qui agissent sur la hausse supposée appliquée sur son arc-boutant, quand le chevalet est vertical, sont les poids de la hausse, du chevalet et de l'arc-boutant, la pression de l'eau contre la face inférieure de la hausse, enfin les diverses réactions des articulations.

Nous allons écrire que la somme des composantes horizontales de ces forces est égale à φ' sin δ' ; nous négligerons ainsi la somme des composantes horizontales des réactions, comme nous l'avons fait dans le calcul précédent pour les composantes verticales, car ces composantes paraissent être peu importantes par rapport aux deux autres forces.

1° Pression de l'eau contre la hausse.

Lorsque la hausse est en bascule dans la position indiquée *fig.* 16, sa culasse s'élève à $1^m.37$ au-dessus de l'étiage, c'est-à-dire à $0^m.59$ au-dessus du niveau d'amont que nous avons supposé à $0^m.78$ au-dessus de l'étiage; sa volée s'enfonce de $0^m.48$ sous l'étiage, enfin son axe de suspension se trouve à $0^m.64$ au-dessus de l'étiage. Il s'ensuit que la culasse sur une longueur de $0^m.26$, et la volée sur une longueur de $1^m.20$, sont baignées d'un seul côté par la chute dont elles portent le poids et que la culasse sur la même longueur de $0^m.26$ et la volée tout entière sont frappées par l'eau et en reçoivent une nouvelle pression.

La pression due au poids de l'eau a pour expression : $1^m.46 \times 1^m.20$ (surface portante) $\times 0^m.39$ (demi-chute) $\times 1\,000^k = 683^k.28$; elle est normale à la hausse, sa composante horizontale est $\frac{683.28 \times 1.42}{2.66} = 328$ kilogrammes.

La composante horizontale de la pression due à la vitesse de l'eau a pour expression générale $KL \frac{V^2}{2g} 1000\, l$ (chapitre Ier).

La valeur de V varie d'un point à l'autre de la surface frappée. On peut admettre comme valeur moyenne celle qui correspond à la moitié de la chute, soit

$$\frac{V^2}{2g} = \frac{0.78}{2} = 0^m.39.$$

On a d'ailleurs :

$$L = 0^m.26 + 1^m.75 = 2^m.01, \quad K = 1^m.20 \quad \text{et} \quad l = 1^m.20,$$

cette composante horizontale est donc égale à

$$1.2 \times 2.01 \times 0.39 \times 1.2 \times 1\,000 = 1\,129 \text{ kil.}$$

On aura donc :

$$\varphi' \sin \delta' = 328 + 1\,129 = 1\,457 \text{ kil.}$$

Nous devons observer ici qu'en réalité $\varphi' \sin \delta'$ n'atteindra pas cette valeur, parce que les oreilles des colliers du chevalet ont précisément pour but de relever la volée au-dessus de l'étiage et de faire diminuer ainsi la surface contre laquelle la vitesse de l'eau produit une pression.

En admettant les valeurs maxima que nous venons de trouver pour les composantes de traction, il est évident que nous aurons une limite supérieure de sa valeur, dans l'hypothèse où aucune autre condition ne viendrait exercer une influence sur la direction, ainsi déterminée, de la force de traction. Cette valeur-limite est exprimée par

$$\sqrt{\overline{620}^2 + \overline{1457}^2} = 1\,535 \text{ kil.}$$

Conséquemment la force de traction doit être plus petite que 1 535 kilogrammes. Or le treuil placé sur le bateau de manœuvre est tel que si l'on désigne par F l'effort de l'éclusier, on a :

$$F = \varphi \times \frac{0.05 \times 0.05 \times 0.15}{0.35 \times 0.25 \times 0.25} = 0{,}017\,\varphi,$$

et prenant la valeur 1 535 kilogrammes on en conclut $F = 26^{k}.09$. Il est vrai que cette valeur a été calculée en négligeant les réactions et les frottements des articulations ainsi que la roideur de la corde ; mais ces résistances secondaires influent peu, et le calcul approximatif qui précède suffit pour montrer que la valeur maximum de F restera dans des limites convenables, puisqu'un seul homme agissant sur un treuil peut développer une force exprimée moyennement par 30 kilogrammes et au maximum par 40 kilogrammes.

Conditions spéciales dans lesquelles s'exerce la force de traction. Position de la poulie. Forme de l'écran du bateau.

On vient de voir que dans l'hypothèse où la valeur de la force de traction serait égale à 1 535 kilogrammes, la direction de cette force était théoriquement déterminée ; mais la pratique est-elle d'accord avec la théorie ? c'est ce qu'il s'agit d'examiner, c'est-à-dire qu'il faut déterminer la position de la poulie d'où émane la force de traction par rapport à la hausse à relever.

Deux quantités sont à calculer :

1° La hauteur verticale de la poulie au-dessus du radier de la passe navigable.

2° La distance horizontale de cette poulie à l'axe inférieur du chevalet.

1° Soit y la hauteur de cette poulie au-dessus du niveau de l'eau, il faut qu'en basses eaux la poulie soit au-dessus du point le plus élevé que peut atteindre la culasse de la hausse pendant son relèvement ; or ce point se trouve à une hauteur de $1^m.42 + 1^m.36 \sin 15° = 1^m.77$ au-dessus de l'axe inférieur du chevalet. Lorsque l'eau est à l'étiage la hauteur de la poulie au-dessus du même axe sera $y + 0^m.78$; il faut donc que $y + 0^m.78 > 1.77$ ou $y > 0^m.99$. D'un autre côté, il ne faut pas que y soit trop grand, parce que la longueur de la gaffe qui porte le crochet pourrait créer une difficulté de manœuvre. On a admis $y = 1^m.10$ et l'on a relevé en conséquence l'avant du bateau.

2° Soit x la distance horizontale qui sépare la poulie et l'axe inférieur des tourillons du chevalet ; il faut que cette distance soit plus grande que la longueur de la culasse afin que celle-ci en basculant ne rencontre pas le bateau. Il faut donc que $x > 1^m.36$. Or x se compose de la demi-largeur du bateau au maître bau, laquelle est de $1^m.20$, et de la largeur de l'écran d'appui. Cette largeur d'écran doit donc être supérieure à $0^m.16$; mais si on ne lui donnait que $0^m.16$, la direction de la corde serait trop rapprochée de la verticale, surtout quand les eaux seraient élevées. On a admis que l'écran devrait avoir une largeur variable de 1 mètre à $1^m.50$; l'expérience indiquera d'ailleurs mieux que ne pourrait le faire le calcul la meilleure largeur à adopter.

Si maintenant on considère la hausse encore couchée, et

si l'on désigne par δ l'angle de la puissance φ avec la verticale, on aura dans cette position :

$$\tang \delta = \frac{x + 0.06}{y + 1.38}.$$

Dans l'autre position extrême, quand le chevalet est vertical, on a :

$$\tang \delta' = \frac{x - 1.07}{y - 0.66}.$$

Si dans ces deux expressions on introduit :

$$x = 2^{m}.20 \quad \text{et} \quad y = 1^{m}.10,$$

valeurs adoptées ci-dessus, on trouve :

$$\tang \delta = 0.91, \quad \text{d'où} \quad \cos \delta = \frac{1}{1.36} \quad \text{et} \ \tang \delta' = 2.57,$$

$$\text{d'où} \quad \sin \delta' = \frac{1}{1.07}.$$

Or nous avons vu que

$$\varphi \cos \delta = 620 \text{ kil.} \quad \text{et} \quad \varphi' \sin \delta' = 1\,457 \text{ kil.}$$

On en conclut :

$$\varphi = 843 \text{ kil.} \quad \text{et} \quad \varphi' = 1\,559 \text{ kil.}$$

La position adoptée pour la poulie exerce une grande influence sur la force de traction puisqu'elle en détermine la direction. Elle peut rendre cette force infinie dans deux cas : d'abord si au point de départ la hauteur verticale de la poulie est très-petite, en second lieu, si cette poulie se projette horizontalement très-près de l'axe iuférieur du chevalet ; mais la position choisie pour les hausses de la Seine est telle que le maximum de traction reste à peu près tel que les calculs précédents l'ont donné, c'est-à-dire que cette force est dirigée à peu près suivant la résultante des maxima trouvés pour les positions extrêmes de la hausse.

Les calculs que nous venons de donner dans le présent

chapitre concernent les hausses des passes navigables. Il serait sans intérêt de les recommencer pour les hausses des déversoirs : on comprend suffisamment la marche qui a été suivie pour déterminer les efforts dont on doit tenir compte.

Observation générale. — Nous terminerons par une observation qui fait ressortir l'un des principaux caractères des barrages à hausses mobiles. Lorsqu'on manœuvre un barrage de ce système, soit pour le relever, soit pour l'abattre, la puissance n'est jamais appliquée directement sur les résistances, elle n'agit sur ces dernières que par l'intermédiaire d'un treuil que l'on est complétement libre de disposer comme on le désire, c'est-à-dire de manière que la puissance soit une fraction aussi faible que l'on veut de la résistance.

Lorsqu'il s'agit, au contraire, de manœuvrer un barrage à fermettes, la puissance est appliquée directement sur la résistance, de sorte que la hauteur du barrage est fort limitée ; l'observation qui vient d'être faite nous permet de penser que l'on pourra se servir de hausses de plus de 3 mètres de hauteur quand les circonstances locales l'exigeront.

TROISIÈME PARTIE.

EXPÉRIENCES FAITES AU BARRAGE DE CONFLANS-SUR-SEINE.

Extrait du registre des tournées de l'ingénieur en chef du canal du Nivernais et de la rivière d'Yonne.

Le 14 septembre 1860, je suis allé visiter et voir manœuvrer le barrage à hausses, inventé et construit par M. l'ingénieur en chef Chanoine, à Conflans, sur la Seine, près de la petite ville de Romilly.

Arrivé à sept heures du matin, le 14 septembre, au barrage de Conflans, j'ai quitté les lieux à dix heures; pendant ces trois heures j'ai vu avec un grand intérêt manœuvrer le barrage qui a une passe navigable formée par vingt-neuf hausses mobiles et un déversoir surmonté de vingt hausses automobiles.

A mon arrivée le barrage était complétement ouvert, les hausses de la passe appliquées sur le radier et celles du déversoir en bascule et renversées horizontalement sur leurs chevalets qui étaient relevés. Le seuil de la passe est à $0^{m}.50$ sous l'étiage et le couronnement du barrage à $0^{m}.50$ au-dessus.

L'eau de la Seine était assez haute, élevée de $1^{m},07$ au-dessus de l'étiage en amont du barrage et de 1 mètre en aval.

La manœuvre pour relever les vingt-neuf hausses mobiles de la passe s'est faite au bateau par deux hommes et un aide en cinquante-cinq minutes; cet aide n'a pas toujours travaillé; il était là à cause de l'état de la rivière. Cette manœuvre n'offre aucun danger pour les hommes. L'éclusier a mis trois minutes et demie pour dresser les hausses du déversoir.

Le dessus des hausses est à $1^{m}.80$ au-dessus de l'étiage ou à $2^{m}.30$ au-dessus du seuil de la passe.

Les hausses du déversoir s'abattent d'elles-mêmes quand l'eau s'élève de $0^{m}.10$ au-dessous de leur crête. Quand l'eau a eu atteint $1^{m}.90$ à l'amont et est descendue à $0^{m}.45$ en aval, les hausses du déversoir ont commencé à se mettre en bascule; pendant quarante minutes il s'en est abattu seize seulement; à ce moment il était neuf heures cinquante minutes, l'eau était à 1m.88 en amont et 0m.90 en aval; on a alors abattu les hausses de la passe navigable; cette opération s'est faite en quatre-vingt-dix-sept secondes. Après le débouchage, l'eau était à 1m.45 en amont et à 1m.32 en aval; à ce moment, les hausses du déversoir se sont dressées d'elles-mêmes.

L'agent secondaire, M. Lambert, m'a donné de longs et intéressants détails sur les manœuvres, sur les essais, changements et perfectionnements qu'on a déjà apportés au mécanisme des hausses, etc. Ce qui m'a surtout frappé, c'est la rapidité de la manœuvre, de l'abatage des hausses notamment, et l'absence de danger pour les hommes.

On manœuvre rarement le barrage à la hauteur à laquelle étaient les eaux du 14 septembre 1860.

L'ingénieur en chef,

Signé CAMBUZAT.

Conflans, le 15 septembre 1860.

L'agent secondaire des ponts et chaussées, à M. Chanoine, ingénieur en chef.

Monsieur l'ingénieur en chef,

J'ai l'honneur de vous informer que M. Cambuzat, ingénieur en chef de la navigation de l'Yonne, est venu faire manœuvrer le barrage de Conflans le 14 du courant; on a exécuté en sa présence le levage et l'abatage de la passe navigable et du déversoir. Le levage de la passe navigable s'est exécuté en cinquante-cinq minutes.

On a commencé la fermeture de cette passe à sept heures douze minutes du matin; elle a été terminée à huit heures sept minutes. Hauteur d'eau au barage avant l'opération :

En amont. 1m.07
En aval. 1m.00

Après l'opération :

En amont. 1m.40
En aval. 0m.75

Le zéro des échelles est à l'étiage.

Après la fermeture de la passe navigable on a levé les vingt hausses du déversoir qui étaient en bascule; l'éclusier a mis trois minutes et demie pour exécuter cette manœuvre. A neuf heures dix minutes l'eau était à 1m.90 en amont du barrage et à 0m.45 en aval. De neuf heures dix minutes à neuf heures cinquante minutes, seize hausses du déversoir se sont mises en bascule, la hausse n° 12 a manœuvré la première, les hausses nos 5, 6, 7, 8, 9, 10 et 11 ont manœuvré ensemble, les nos 13 et 20 aussi. Ensuite les nos 1, 2, 3 et 4 ont aussi manœuvré ensemble, de même que les nos 14 et 15. L'eau était à 1m.90 en amont, et à 0m.45 en aval quand la première hausse du déversoir s'est mise en bascule.

A neuf heures cinquante minutes on a abattu les vingt-neuf hausses de la passe navigable, l'eau était à 1m.88 en amont et à 0m.90 en aval avant le débouchage.

L'abatage s'est exécuté en quatre-vingt-dix-sept secondes; on a manœuvré les deux barres ensemble avec la nouvelle manivelle dont on sert aujourd'hui; on a abattu les douze hausses de la petite barre en dix-neuf secondes, tandis que l'on n'a abattu que quatre hausses de la grande barre avec l'ancienne manivelle pendant le même temps.

Hauteur d'eau après l'ouverture :

En amont.	1m.45
En aval.	1m.32

Aussitôt la passe navigable ouverte, les seize hausses du déversoir se sont levées dans un intervalle de cinq minutes; les contre-poids mobiles étaient fixés sur la culasse au moyen de petits taquets qui fixent les contre-poids à la culasse. Ces manœuvres se sont faites d'une manière très-satisfaisante et ne laissant rien à désirer.

J'ai l'honneur d'être, etc.

L'agent secondaire des ponts et chaussées,
Signé LAMBERT.

Conflans, le 22 mai 1861.

Rapport de l'agent secondaire des ponts et chaussées à M. Chanoine, ingénieur en chef.

Monsieur l'ingénieur en chef,

J'ai l'honneur de vous faire connaître les détails de la manœuvre qui a eu lieu le 21 courant, en présence de M. Humblot, ingénieur de la navigation de l'Yonne, et de MM. Piedzicki et Démollière, conducteurs du même service.

On a exécuté, en présence de ces messieurs, le levage de la passe navigable du déversoir, et l'abatage de cette passe.

La fermeture de la passe a été effectuée en . . . . 42 minutes.

Après cette manœuvre on a levé les vingt hausses du déversoir qui étaient en bascule ; ce levage a été exécuté en . . . . 3 minutes.

Total. . . . . 45 minutes.

pour la fermeture des deux passes.

Ensuite on a mis des planches vis-à-vis de l'entre-deux des hausses pour élever l'eau à $1^m.90$ et faire manœuvrer les hausses du déversoir, attendu que l'eau était basse en Seine.

A trois heures, M. Humblot a fait abattre la passe navigable, l'eau n'était encore qu'à $1^m.55$ en amont, et à $0^m.30$ en aval ; les barres ont été manœuvrées successivement.

Pour abattre les hausses de la petite barre, on a mis 18 secondes.

Pour abattre celles de la grande barre, on a mis. . 80 secondes.

Total. . . . . 98 secondes.

pour la passe.

Avant le levage, la hauteur de l'eau était :

En amont. . . . . $0^m.80$
En aval. . . . . $0^m.73$

Après le levage :

En amont. . . . . $1^m.15$
En aval. . . . . $0^m.25$

La hausse n° 12 étant restée debout, nous avons immédiatement vérifié, au moyen de la lunette de fond, la position du pied de l'arc-boutant, pour connaître la cause qui avait pu empêcher cette hausse de tomber; nous avons reconnu que le pied de l'arc-boutant reposait sur la lèvre de la glissière, où il avait été amené par la barre à talons qui a été manœuvrée trop promptement. Au moyen d'un croc, on a tiré le pied de l'arc boutant dans sa glissière, et la hausse est tombée sans difficulté.

A part cette petite circonstance, qui n'est due qu'à une trop grande précipitation, la manœuvre s'est exécutée avec un ensemble parfait.

J'ai l'honneur d'être, etc.

L'agent secondaire des ponts et chaussées,
Signé LAMBERT.

Conflans, le 25 mai 1861.

Rapport de l'agent secondaire des ponts et chaussées à M. Chanoine, ingénieur en chef.

Monsieur l'ingénieur en chef,

J'ai l'honneur de répondre à votre lettre en date du 17 courant, par laquelle vous m'autorisez à faire manœuvrer le barrage de Conflans devant M. Thiollière, ingénieur en chef de la navigation de la Saône, et à vous rendre compte de la manière dont les choses se sont passées.

Le 24 mai, M. Thiollière a fait faire les manœuvres de levage et d'abatage de la passe navigable et du déversoir : on a commencé le levage de la passe navigable à midi, et l'on a fini à midi trente-neuf minutes; avant le levage l'eau était à 0^{m}.75 au-dessus de l'étiage en amont du barrage, et à 0^{m}.70 en aval.

Pendant le levage, M. Thiollière a demandé que l'ont mît la hausse n° 21 en bascule sur son chevalet, et qu'elle fût abandonnée à elle-même pour venir s'appuyer le long du seuil. Cette manœuvre a parfaitement réussi : la hausse, abandonnée à elle-même, est venue avec vitesse se placer le long du seuil, sans que le pied de l'arc-boutant ait pu s'échapper du heurtoir; ensuite on a ramené la volée de la hausse en avant, pour placer le pied de l'arc-boutant qui avait été dérangé du fond du heurtoir par le choc que la hausse avait reçu. Cette manœuvre a duré deux minutes, de sorte que la manœuvre de la passe aurait été faite, avec deux hommes seulement, en . . . . 37 minutes.

Pour lever le déversoir on a mis. . . . . 2 minutes.

On a donc mis en totalité. . . . 39 minutes,

pour fermer les deux passes qui donnent une ouverture de 61 mètres. La hauteur de l'eau au-dessus de l'étiage, après le levage des deux passes, était :

En amont. . . . . 1^{m}.08
En aval. . . . . 0^{m}.25

Ensuite on a mis des planches vis-à-vis de l'entre-deux des hausses de la passe navigable et de celles du déversoir pour élever l'eau à 1^{m}.90 et faire manœuvrer les hausses du déversoir.

A trois heures du soir l'eau était à 1^{m}.88 en amont du barrage.

M. Thiollière a mis lui-même en bascule, au moyen d'un croc, les hausses n°s 19 et 20 du déversoir; ensuite il a fait abattre douze hausses de la grande barre : l'eau n'était plus alors qu'à 1^{m}.60 en amont; il a fait disposer le bateau de manœuvre le long des hausses de la petite barre pour essayer d'en lever une ou deux de la grande; cette manœuvre n'a pu se faire, attendu que le courant de l'eau était trop rapide; il n'y avait que douze hausses d'abattues à la passe et deux au déversoir; il a été impossible à deux hommes de faire plonger la gaffe au fond de l'eau pour accrocher la poignée de la hausse.

Si les hausses que l'on voulait lever avaient été munies de chaînes, comme le sont les dix dernières, et que les contre-poids eussent été plus lourds, on aurait levé ces hausses sans difficulté, à moins que la hausse où s'appuie le volet du bateau ne se soit mise en bascule. On a été obligé de renoncer à cet essai.

Après la visite du mécanisme, M. Thiollière a manœuvré lui-même la petite barre à talons; il a abattu les douze hausses en une demi-minute.

La manœuvre a été parfaite; tout a fonctionné d'une manière très-satisfaisante et ne laissant rien à désirer.

J'ai l'honneur d'être, etc.,

L'agent secondaire des ponts et chaussées,

Signé LAMBERT.

Sens, le 5 juin 1861.

L'ingénieur ordinaire des ponts et chaussées à M. Chanoine, ingénieur en chef de la navigation de la Seine.

Monsieur l'ingénieur en chef,

Permettez-moi de vous rendre compte de la visite que je viens de faire au barrage de Conflans.

M. Lambert a mis le plus grand empressement et la plus grande complaisance à me donner tous les détails que je lui ai demandés et à faire exécuter les manœuvres que l'état des eaux a pu permettre.

J'ai vu avec le plus grand intérêt la manière dont fonctionne le barrage, la facilité et la rapidité avec lesquelles se ferme et surtout s'ouvre la passe navigable. Comparées à nos aiguilles et fermettes de l'Yonne, les hausses présentent des avantages manifestes : sécurité pour le barragiste, et promptitude pour la navigation.

Les perfectionnements que vous avez apportés dans vos nouveaux projets, projets que nous avons copiés, paraissent devoir éviter quelques petits inconvénients de peu d'importance.

Ainsi, dans la manœuvre qui a été faite sous mes yeux, l'arc-boutant d'une hausse ayant été tiré trop vivement par la barre à talons, a été se placer sur la joue de la glissière. Après avoir dépassé par le sillon formé par cette pièce, la hausse n'est point tombée, et il a fallu agir directement sur l'arc-boutant au moyen d'un croc. Dans vos nouvelles pièces la joue de la glissière étant prolongée en avant, le même inconvénient ne pourra plus se représenter.

Agréez, monsieur l'ingénieur en chef, l'assurance de mon respectueux dévouement,

Signé HUMBLOT.

Châlon, le 7 juin 1861.

Mon cher camarade,

En faisant manœuvrer les hausses et en examinant le barrage dans ses deux positions, ouvert ou fermé, on reconnaît que comme aisance et sûreté de mécanisme votre succès est complet. La manœuvre se fait régulièrement, sans effort et sans roideur; les agents y ont parfaite confiance; les hausses s'abaissent sans retard et se couchent d'elles-mêmes sans difficulté; elles sont relevées sans trop d'efforts et leurs sommets offrent un alignement bien régulier. Les intervalles vides entre les hausses étaient autrefois de $0^m.10$; vous les avez réduits à $0^m.05$, et je crois qu'on pourrait adopter encore moins, tant la régularité des mouvements est bonne et sûre.

Quand je suis arrivé, le barrage était abaissé et ne causait aucune espèce de chute à la surface de l'eau. Le relevage des vingt-neuf hausses a duré trois quarts d'heure, et lorsque la dernière d'entre elles a été levée, la chute d'amont à aval était de $0^m.30$. Les hausses ont donc été prises sous une hauteur de $1^m.10$ à $1^m.40$, la Seine étant à $0^m.60$ au-dessus de son étiage le jour de ma visite.

Sur la haute Seine et sur l'Yonne où la navigation se fait par convois, suivant le flot, je n'ai aucune objection à faire à ce système qui fonctionne à la satisfaction de tous à Conflans, et qui doit vous mériter de bien grandes félicitations. Mais si l'on exige une navigation *permanente*, c'est-à-dire que les eaux ne descendent jamais au-dessous du niveau de la retenue du barrage, on ne peut toujours faire ce que vous exécutez à Conflans, c'est-à-dire abaisser le barrage entier et le relever avant la création d'une chute considérable.

Le barrage étant levé, on devrait pourvoir aux variations du débit de la rivière en abaissant et relevant une partie des hausses sans changer le niveau de la retenue. C'est ce que le barrage Poirée permet de faire en rapprochant ou distançant à volonté les aiguilles, et ce dont nous sommes très-satisfaits sur la Saône. L'abatage d'une ou plusieurs hausses ne présente aucune difficulté; mais je voulais savoir si une hausse peut être relevée malgré la pression d'une très-forte chute d'eau, si une manœuvre de cette nature, répétée, ne serait pas pour les agrès accessoires et pour la hausse elle-même, une épreuve trop forte.

Nous avons essayé de relever une hausse avec une chute de $0^m.80$ environ, après avoir en outre fait baisser la retenue d'amont, afin de découvrir les hausses de $0^m.30$ et fixer le bateau de manœuvre contre celles conservées debout. Mais il a été impossible de saisir à la gaffe la poignée de la hausse abattue; M. Lambert a prétendu que si les hausses étaient munies de chaînes, il viendrait aisément à bout de cette manœuvre particulière.

Je vous demanderai de le faire essayer et de me dire si, en effet, une hausse isolée peut être ainsi relevée sans trop de difficulté et couramment; ce serait un complément d'instruction bien utile pour nous que vous ne nous refuserez pas s'il est possible.

Votre camarade bien dévoué et bien reconnaissant,

Signé THIOLLIÈRE.

Note en réponse à la lettre ci-dessus de M. Thiollière.

L'expérience demandée par M. Thiollière a été faite le 22 juin 1861, par MM. Lua, conducteur, et Lambert, agent secondaire des ponts et chaussées.

On a mis sur la culasse de chacune des hausses n°s 13, 14, et 15, un contre-poids supplémentaire en fonte de 20 kilogrammes, et on les a relevées lorsque l'eau était à $1^m.70$ en amont du barrage et à $0^m.50$ en aval au-dessus de l'étiage, c'est-à-dire sous une chute de $1^m.20$, et lorsque les eaux n'étaient que de $0^m.10$ au-dessous du niveau de la retenue du barrage qui est de $1^m.80$ au-dessus de l'étiage.

Cette expérience a prouvé de nouveau que l'arc-boutant devait être très-pesant, que la culasse devait être très-chargée et qu'il fallait employer un treuil et des cordes d'une grande force, mais qu'en se plaçant dans ces conditions, la manœuvre était exécutable.

Cette expérience est, au reste, sans intérêt en ce qui concerne le règlement du niveau de la retenue d'un barrage ; car dans les barrages à hausses, ce règlement doit se faire au moyen des engins du déversoir, et non au moyen de la passe navigable. Les premiers sont disposés de manière que ce règlement se fait de lui-même, c'est une propriété de leur automobilité ; les seconds sont disposés dans un tout autre but, celui de s'abattre complétement et promptement, pour livrer, en cas de besoin, aux embarcations un passage sûr et facile.

M. Thiollière a raisonné dans l'hypothèse où il n'y aurait pas de déversoir, tandis que le déversoir forme, au contraire, une partie essentielle du système dans l'état actuel des choses.

Nota. Le 9 août, des expériences ont été faites en présence de MM. les ingénieurs ordinaires de Lagrené, Boulé, Garceau et de M. l'élève ingénieur Baraban.

Le barrage a été ouvert en une minute et demie et fermé en quarante minutes.

Le déversoir a été abattu en cinq minutes et relevé en deux minutes ; les manœuvres se sont faites avec la plus grande régularité et en ma présence.

CHANOINE.

---

7 mars 1862.

Monsieur l'ingénieur en chef,

J'ai l'honneur de vous faire savoir que le 4 mars courant, nous avons fait une manœuvre d'essai au barrage de Conflans pour relever des hausses munies de chaînes sous une forte chute d'eau. L'eau était à $1^m.23$ au-dessus de l'étiage en amont du barrage, ou à $1^m 73$ au-dessus du seuil de la passe navigable quand on a commencé l'opération.

Lorsque la manœuvre a été terminée, l'eau était, en amont des hausses, à $1^m.73$ au-dessus de l'étiage, et en aval à $0^m.88$; la chute d'eau avait donc $0^m.85$ de hauteur.

On n'a pu relever que vingt-huit hausses sur vingt-neuf ; l'arcboutant de la dernière était soulevé par la force du courant dès que la hausse était mise en bascule sur son chevalet.

Le 6 du même mois, on a fait un deuxième essai à la même hauteur d'eau, et on l'a interrompu à la vingt-huitième hausse dont l'arc-boutant était soulevé par le courant.

Dans ces deux essais, les manœuvres se sont faites avec circonspection et régularité.

Signé :

L'agent secondaire,

LAMBERT.

LÉGENDE

POUR LES PLANCHES.

---

§ 1. *Plan général.*

Pl. 15. *Fig.* 1. Type d'un barrage avec écluse et déversoir.

§ 2. *Passe navigable.*

Pl. 15. *Fig.* 2. Élévation latérale d'une hausse et coupe du radier.

- *a* Coupe du seuil en chêne encastré dans la pierre de taille.
- *b* Boulon-ancre du seuil traversant la pierre de taille.
- *c* Clef traversant le boulon et engagée sous les pierres de taille.
- *d* Coupe de la longrine des barres à talons.
- *ee'* Guide double à pattes pour maintenir la barre à talons.
- *f* Coupe de la barre à talons.
- *g* Prisonnier glissant entre les guides.
- *h* Hausse debout appuyée sur le chevalet et contre le seuil.
- *h'* Hausse en bascule prête à se redresser.
- *h''*. Hausse couchée sur le radier.
- *j* Bande de fer reliant les pierres du seuil.
- *ll'* Pierres du seuil.
- *m* Disque en fonte placé sous le béton de fondation.
- *o* Tige des ancres reliant la bande *j* et le disque en fonte.
- *p* Crampon du seuil.
- *q* Cornière protégeant l'arête du seuil.
- *r* Coin en bois pour caler la base des chevalets.

Pl. 15. *Fig.* 3. Hausse levée, vue sur la face d'aval, avec ses accessoires tels que contre-poids, colliers, arc-boutant, heurtoir, glissière, etc.

Pl. 15. *Fig.* 4. Plan d'une partie du radier de la passe.

a Partie de la pile.
b Partie du radier.
h Hausse debout.
h'' Hausse couchée.
g Glissière et heurtoir.
j Bande reliant les pierres du seuil.
s Seuil armé de ses crampons, crapaudines, etc.
t Barre à talons.

Pl. 15. *Fig.* 5. Partie de seuil pour une hausse.

aa' Crampons du seuil.
b Cornière de l'arête.
cc' Crapaudines-jumelles du chevalet.
d Coin pour fixer la base de chevalet.

Pl. 15. *Fig.* 6. Tête de chevalet et colliers.

a Tête de chevalet avec chappe d'arc-boutant et boulon.
bb' Colliers du chevalet (face de dessus).
b'' *id.* (face intérieure).
b''' *id.* (face de dessous).
c Arrêt pour limiter l'inclinaison de la hausse.

Pl. 15. *Fig.* 7. Équerres et contre-poids de la culasse.

aa' Contre-poids en fonte (face d'aval).
a'' *id.* (face intérieure).
bb' Équerre des montants et du chevêtre (face d'aval).
b'' *id.* (face intérieure).
cc' Boulons des contre-poids pour les maintenir entre les montants.

Pl. 15. *Fig.* 8. Crapaudines en fonte des chevalets.

aa' Crapaudines vues d'aval.
a'' Face intérieure de la crapaudine *a*. (La face de *a'* est symétrique).
b boulons verticaux pour fixer les crapaudines sur le seuil.
v Vis à bois horizontale *id.*

Pl. 15. *Fig.* 9. Barres à talons, guide, etc.

a Partie de barre avec un talon.
a' Talon.
b Guide double.

c Contre-fiche du guide.
d Embase ou semelle du guide.
f Longrine en chêne.
g Galet-support de la barre à talons.

Pl. 15. *Fig.* 10. Coin de la base du chevalet.

a Élévation du coin de la base du chevalet (vu d'aval).
b Coupe du coin dans les entailles.
c Extrémité pénétrant dans les coulisses des crapaudines.
dd' Entailles garnies de tôle pour loger les montants du chevalet.

Pl. 15. *Fig.* 11. Chevêtre de la volée d'une hausse.

a Chevêtre en chêne.
bb' Étriers en fer vus sur champ.
c' *id.* en élévation.

Pl. 15. *Fig.* 12. Chevêtre de la culasse.

a Chevêtre en chêne.
b Étrier en fer vu sur champ.
b' *id.* en élévation.

Pl. 15. *Fig.* 13 et 14. Épures pour le calcul des pressions et de leurs moments sur une hausse plongée dans une eau courante.

Pl. 15. *Fig.* 15 et 16. Épures pour calculer les pressions et leurs moments quand on relève une hausse de passe navigable ou de déversoir.

Pl. 15. *Fig.* 17. Courbe des valeurs de la lame d'eau (u) déversant par dessus une hausse.

Pl. 15. *Fig.* 18. Épure pour les calculs du mouvement spontané d'une hausse.

Pl. 16. *Fig.* 1. Élévation latérale d'un chevalet, arc-boutant, etc. Coupe d'une partie du radier.

a Montant d'un chevalet debout.
a' Chevalet couché.
b Colliers et tourillons supérieurs.
c Arc-boutant de la hausse levée.
c' Arc-boutant de la hausse couchée.
d Tête d'un arc-boutant échappant à gauche.
d' Tête d'un arc-boutant échappant à droite.
ee Prisonniers pour régler la course de l'arc-boutant manœuvrant à gauche.
e'e' Prisonniers pour régler la course de l'arc-boutant manœuvrant à droite.

f Section de l'arc-boutant (partie supérieure).
g *id.* (partie inférieure).
h Seuil en bois (coupe).
s Boulon du seuil et sa clef.
m Tige de l'ancre de fond.
n Bande réunissant les pierres de l'encastrement.
o Disque en fonte de l'ancre de fond.
p Partie de hausse debout.
p' Partie de hausse inclinée sur le chevalet.
p'' Hausse couchée sur le radier.
q Longrine et ses accessoires.
r Heurtoir en fonte (élévation latérale).
s Glissière en fonte (*id.*).

Pl. 16. *Fig.* 2. Barres à talons, guides, heurtoirs, glissières, etc.

a Galet en bronze avec support en fonte.
bb' Guide en fer.
c Talon et partie de barre manœuvrant à gauche.
c' Talon et partie de barre manœuvrant à droite.
d Heurtoir à gauche en fonte (plan).
d' Heurtoir à droite *id.* *id.*
e Glissière à gauche *id.* *id.*
e' Glissière à droite *id.* *id.*
f Coupe de la glissière à gauche.
f' Coupe de la glissière à droite.
g Extrémité d'aval de la glissière à gauche.
g' *id.* à droite.
h Heurtoir à gauche, vu d'aval.
h' Heurtoir et glissière à droite, vu d'aval.

Pl. 16. *Fig.* 3. Pied d'un arc-boutant échappant à gauche.
Pl. 16. *Fig.* 4. Pied d'un arc-boutant échappant à droite.
Pl. 16. *Fig.* 5. Élévation des galets portant la barre à talons.

§ 5. *Déversoir.*

Pl. 16. *Fig.* 6. Plan comprenant deux hausses auto-mobiles et la partie correspondante du radier.

aa' Traverses du radier.
bbbb Moises du coffrage.
ccc Frettes des traverses.
d Pieux de l'enceinte du coffrage.
e Pieu intermédiaire (sous la traverse).
f Partie du seuil portant les chevalets.

f' Partie du seuil contre lequel s'appuion les hausses.
g Guide en fonte de la barre à talons, alternant avec un galet.
h Barre à talons.
i Heurtoir en fonte (plan).
j Glissière en fer à cornière (plan).
k Étrier de la culasse.
ll' Étriers de la volée.
m Contre-poids mobile en fonte.
n Boulon-guide du contre-poids mobile.
o Bande à piton pour le même.
pp' Rails en cornières servant aussi de guides au contre-poids mobile.

Pl. 16. *Fig.* 7. Hausse auto-mobile, vue d'aval, chevalet, colliers, coupe du radier, etc.

aa' Supports du chevalet en fer.
b Contre-poids fixe de la culasse.
p Pieu intermédiaire supportant la traverse.
q Coupe de la traverse.
r Seuil en bois.

Pl. 16. *Fig.* 8. Élévation latérale d'une hausse auto-mobile et de ses accessoires, coupe transversale du radier.

a Contre-poids mobile.
b Boulon-guide.
cc' Pitons de ce boulon.
d Contre-poids fixe.
e Chevalet.
f Arc-boutant.
g Seuil.
h Hausse debout.
h' Hausse en bascule.
h'' Hausse couchée.
j Coupe du radier et du coffrage.

Pl. 16. *Fig.* 9. Contre-poids fixe.

a Elévation du contre-poids fixe (en fonte).
b Coupe du contre-poids fixe.

Pl. 16. *Fig.* 10. Contre-poids mobile.

a Contre-poids mobile vu d'aval (en fonte).
bb' Rails-guides en cornière.
c Coupe du boulon-guide.
d Support ou piton de ce boulon.
e Chevêtre en bois de la culasse.
f Saillie du contre-poids fixe.

Pl. 16. *Fig.* **11.** Étriers de la volée.

Pl. 16. *Fig.* **12.** Bride de la culasse.

a Étrier du chevêtre.
b Piton du boulon-guide.
c Tenon du contre-poids fixe engagé dans l'étrier.

Pl. 16. *Fig.* **13.** Appareil du contre-poids mobile (plan).

a Contre-poids mobile.
b Boulon-guide.
cc' Rails-guides en cornières.
d Étrier de culasse à piton, } supports du boulon-guide.
e Bande à piton, }
ff'g Coupe des montants et des madriers de la hausse.
h Élévation de la bande à piton.

Pl. 16. *Fig.* **14.** Appareil des contre-poids, chevalet, heurtoir, glissière, etc., vus de côté.

a Contre-poids mobile.
bb' Pitons du boulon-guide.
c Rail-guide en cornière.
d Culasse de la hausse.
e Coupe du contre-poids fixe.
f Collier supérieur du chevalet.
h Montant du chevalet.
i Arc-boutant.
k Saillie du seuil, appui des hausses.
l Partie du seuil portant les chevalets.
m Coupe de la cornière reliant les deux parties du seuil.
nn' Équerres du seuil et des traverses.
o Guide en fonte de la barre à talons.
pp' Barre et talons.
q Prisonnier de la barre à talons.
r Heurtoir en fonte.
s Glissière en cornière.
t Traverse en bois du radier.

Pl. 16. *Fig.* **15.** Grande cornière reliant le seuil et la traverse et formant le plan incliné que la hausse doit remonter pour venir s'appuyer contre le seuil lorsqu'elle se redresse spontanément.

Pl. 16. *Fig.* **16.** Équerres en fer pour le seuil.

Pl. 16. *Fig.* **17.** Tête de chevalet coupée suivant l'axe de la chappe de l'arc-boutant.

Pl. 16. *Fig.* **18.** Chevalet et colliers.

a Chevalet debout vu d'aval.
a' Variante pour la tête.

b Collier, vu d'aval.
b' Collier, face intérieure.
c Arrêt du collier pour limiter l'inclinaison de la hausse.
dd' Collier de la base du chevalet, vu d'aval.

Pl. 16. *Fig.* 19. Plan du collier de la base du chevalet.
Pl. 16. *Fig.* 20. Coupe de la glissière vissée sur la traverse.
Pl. 16. *Fig.* 21. Heurtoirs.

a Heurtoir à droite, vu d'aval.
a' Heurtoir à gauche, vu d'aval.

Pl. 16. *Fig.* 22. Heurtoirs et glissière.

b Heurtoir et glissière à droite, vu d'aval.
b' *Id.* à gauche, vu d'aval.

Pl. 16. *Fig.* 23. Guides et barre à talons.

a Coupe de la barre.
a' Projection de son talon.
b Coupe du guide en fonte.
c Prisonnier de la barre.
d Traverse du radier.

Pl. 16. *Fig.* 24. Élévation d'une barre à talons et de ses accessoires.

a Barre à talons.
b Prisonnier.
c Galet en bronze.
c' Support en fonte de ce galet.
d Guide en fonte.
e Traverse du radier.
f Pavage du radier (coupe).
g Traverse et pieu du coffrage.

Pl. 16. *Fig.* 25. Élévation d'un galet et de son support.

a Coupe de la barre à talons.
b Galet en bronze.
c Support en fonte.
d Traverse.

Pl. 16. *Fig.* 26. Galet, heurtoir et glissière à droite.

a Galet et son support.
b Heurtoir.
c Glissière.
d Traverse.

Pl. 16. *Fig.* 27. Guide, barre, heurtoir et glissière à gauche.

a Guide en fonte.
b Heurtoir en fonte.
c Glissière en cornière.
d Traverse.
e Barre à talons.

Pl. 16. *Fig.* 28. Arc-boutant et tête de chevalet.

- *a* Chevalet à tête mâle (barrage d'Évry).
- *a'* Chevalet à tête femelle (modification adoptée).
- *b* Arc-boutant à tête femelle (barrage d'Évry).
- *b'* Arc-boutant à tête mâle (modification adoptée).

§ 4. *Bateau de manœuvre servant à relever les hausses.*

Pl. 17. *Fig.* 1. Élévation latérale du bateau.

- *a* Corps du bateau.
- *bcd* Poulie de renvoi pour corde ou chaîne de traction.
- *e* Corde ou chaîne de traction.
- *fg* Treuil à double engrenage.
- *h* Corde à nœuds pour amarrer le bateau.
- *ij* Tampons et écrans pour maintenir le bateau parallèlement aux hausses.
- *l* Passage pour une clef.
- *m* Clef en T pour empêcher l'écartement de l'arrière du bateau.

Pl. 17. *Fig.* 2. Plan du bateau.

- *a* Gaffe à crochet engagée dans la poignée d'une hausse.
- *b* Hausse à relever.
- *cc'c''* Hausses levées.
- *dd'd''* Arcs-boutants.
- *e* Planche formant passerelle pour vérifier la position des arcs-boutants.
- *ff'* Piton de l'écran qui porte la passerelle.
- *gg'* Tampons d'écartement.
- *hh'* Clefs d'amarre du bateau.
- *ijlmn* Treuil.

Pl. 17. *Fig.* 3. Élévation du bateau vu de l'avant.

- *a* Planche de la passerelle.
- *bb'* Écran portant la passerelle et le tampon d'écartement.
- *c* Tampon.
- *d* Crochet de l'écran.
- *e* Hausse couchée accrochée par la gaffe.
- *e'* Hausse prête à basculer sur son chevalet de bout.
- *e''* Hausse debout.
- *f* Radier.

Pl. 17. *Fig.* 4. Coupe de l'avant du bateau suivent AB.

- *a* Levée du bateau.
- *bb'b''* Courbes.
- *c* Plancher mobile.

Pl. 17. *Fig.* 5. Coupe transversale du bateau suivant CD.

§ 5. *Treuil servant à abattre les hausses.*

Pl. 17. *Fig.* 6. Élévation du treuil; coupe de la chambre d'une pile.

- *a* Arbre vertical.
- *b* Grande roue en fonte.
- *cd* Colliers de l'arbre.
- *e* Crémaillère de la barre à talons.
- *f* Prisonnier de la crémaillère.
- *g* Galet de friction et son support.
- *h* Guide de la crémaillère et ses deux galets.
- *k* Porte fermant l'entrée de la chambre.

Pl. 17 *Fig.* 7. Plan du treuil au niveau du couronnement.

- *a* Grande roue.
- *b* Collier et crampons de l'arbre vertical.
- *c* Pignon moteur avec son collier.
- *d* Crampons de scellement.
- *e* Crémaillère (quand le barrage est fermé).
- *e'* Crémaillère (quand le barrage est ouvert).

Pl. 17. *Fig.* 8. Plan de la chambre au niveau de la crémaillère.

- *a* Crémaillère (barrage ouvert).
- *a'* Crémaillère (barrage fermé).
- *b* Barre à talons.
- *c* Pignon en fer de l'arbre vertical.
- *d* Guide-crapaudine en fonte.
- *ee'* Brides pour empêcher le soulèvement de la crémaillère.
- *f* Galet de la porte.
- *g* Porte de la chambre (coupe horizontale).
- *h* Galet vertical.
- *j* Échelle en fer.

Pl. 17. *Fig.* 9. Porte de la chambre (côté du barrage).

Pl. 17. *Fig.* 10. Plan du guide de la crémaillère, des supports de galets et de la crapaudine de l'arbre vertical : le tout formant une seule pièce en fonte.

Pl. 17. *Fig.* 11. Élévation et coupes des engrenages supérieurs.

- *a* Clef de manœuvre.
- *d* Collier, petit arbre, pignon moteur et crapaudine.
- *c* Partie de la grande roue.
- *e* Collier supérieur du grand arbre.
- *f* Coussinet en bronze.

Pl. 17. *Fig.* 12. Élévation et coupés du collier inférieur.

a Arbre vertical.
b Collier.
c Coussinet en bronze.
d Pierre de scellement.

Pl. 17. *Fig.* 13. Plan du collier inférieur.

Pl. 17. *Fig.* 14. Guide de la crémaillère et crapaudine de l'arbre.

a Pied de l'arbre vertical (élévation).
b Galet de pression (élévation).
c Support de ce galet (élévation).
d Guide de la crémaillère (coupe).
ef Crémaillère et barre (coupe).
h Godet en bronze du pied de l'arbre (coupe).
i Pierre de scellement.

APPENDICE.

NOTE DE M. CHANOINE

SUR LE BARRAGE DE CONFLANS-SUR-SEINE

ET LES EXPÉRIENCES FAITES A CONFLANS ET A COURBETON.

Approbation et adjudication du projet du barrage de Conflans. — Le barrage de Conflans-sur-Seine se compose d'une passe navigable ayant 34m.90 de largeur et d'un déversoir de 26 mètres, séparés par une pile et reliés aux rives par des épaulements en maçonnerie.

L'épaulement de la passe navigable et la pile ont ensemble à peu près 5 mètres d'épaisseur, de sorte que la partie des ouvrages assise sur des fondations en béton a 40m.50 de longueur.

La largeur du radier de la passe navigable, mesurée entre les lignes de pieux et palplanches qui le bordent, tant à l'amont qu'à l'aval, est de 8m.50. Le radier est arrosé à 0m.50 au-dessous de l'étiage. L'épaisseur du massif de béton des fondations devait être de 1m.50; elle a été portée à 1m.75.

Les hausses ne peuvent faire bascule; elles sont au nombre de vingt-neuf, ont 2m.35 de hauteur, 1m.10 de largeur, et sont séparées par des entre-deux ayant 0m.10 de largeur.

Le déversoir n'a que 4 mètres de largeur, et est arasé à 0m.50 au-dessus du plan d'étiage; il se compose d'un coffre en charpente formé de deux lignes de pieux et palplanches parallèles, dont les moises sont reliées transversalement par des longrines espacées de $1^m.30$ d'axe en axe. L'intérieur du coffre est rempli de pierres cassées, d'un gros gravier et d'un corroi de béton, et recouvert d'un pavage maçonné.

Les longrines transversales portent un seuil en bois contre lequel s'appuient les hausses, et auquel sont boulonnés les tire-fonds de leurs chevalets.

Les hausses sont au nombre de vingt, ont $1^m.33$ de hauteur et $1^m.20$ de largeur; des entre-deux de $0^m.10$ les séparent.

A mesure qu'il sera question d'autres parties du barrage, on en donnera sommairement le détail. (Voir d'ailleurs la chronique des *Annales des ponts et chaussées* de 1855, 4e cahier.)

Le projet du barrage de Conflans-sur-Seine fut approuvé le 20 juin 1855, et compris dans une adjudication qui avait eu lieu le 17 janvier précédent, en faveur du sieur Cagnat (Jean).

Le rabais sur les prix de l'estimation s'est élevé à 1 p. 100.

L'estimation générale des travaux montait, non compris la somme réservée pour les dépenses imprévues, à $71\,958^f.43$; si l'on en déduit le rabais ($719^f.58$), il reste pour les travaux définis adjugés $71\,238^f.85$.

Les travaux furent exécutés sous la surveillance de M. l'ingénieur Doré, et dirigés successivement par MM. les conducteurs Petit et Moreaux. M. le conducteur Nicolle, auquel une mention honorable avait été décernée à l'exposition universelle de 1855, fut particulièrement chargé de l'ajustage et de la pose de la partie mobile.

Bétons. — Les travaux du barrage ne furent commencés qu'en 1856.

Le béton de la passe navigable, de son épaulement et de sa pile fut coulé du 4 septembre au 7 octobre suivant.

On s'est servi de chaux de Pouilly livrée en poudre, du sable et des graviers de la Seine.

Chaque mètre cube de béton contenait :

Mortier.	Sable.	0.40	m. c. 0.70
	Chaux éteinte.	0.30	
Gravier de rivière.		0.80	

A ces éléments on avait ajouté par mètre cube 75 à 80 litres de ciment romain de Vassy pour le béton placé à la partie supérieure du massif des fondations.

Le mortier a été fabriqué au rabot, et le béton avec des griffes. On a transporté le béton à une distance moyenne de 22 mètres, et il a été coulé avec une boîte s'ouvrant par le fond et d'une capacité de 0m.35.

Le cube total du béton ainsi coulé s'est élevé à 613mc.80; le prix du mètre cube était 13 francs.

On a mis 23 jours 1/2 pour le couler, et employé 453.50 journées d'ouvriers; de sorte que l'on a coulé en moyenne par jour, 26mc.12.

La laitance a été fort abondante. M. l'ingénieur Hervé-Mangon en a fait l'analyse.

Remblais sur les bétons et batardeaux en terre argileuse. — On construisit des batardeaux en terre argileuse sur les zones de béton, réservée à cet effet de chaque côté de l'emplacement destiné au pavage, dont on devrait recouvrir le milieu du radier. Ces batardeaux, soutenus par des coffrages en charpente, avaient 1 mètre de hauteur au-dessus de l'étiage, et entouraient à la fois toute la passe navigable, sa pile et son épaulement. On remplit ensuite tout l'espace compris entre ces batardeaux, d'un matelas de terre bien battue, assez élevé au-dessus des eaux pour que l'on pût y faire aisément le dépôt et le bardage des matériaux employés dans la construction.

Maçonneries. — Les maçonneries furent commencées à l'épaulement, dont les bétons de fondation n'avaient pas été, à dessein, couverts d'un matelas de terre.

Dès que l'épaulement fut fondé, on attaqua le pavage du radier, dont les bétons de fondation étaient successivement mis à nu, en enlevant par tranches les terres du matelas qui les recouvrait.

Les maçonneries commencées le 30 octobre 1856 furent interrompues le 16 novembre suivant, à cause de la crue des eaux. On avait exécuté, pendant ces 18 jours, l'épaulement et 20 mètres courants du pavage du radier.

Quoique les bétons fussent très-jeunes, deux pompes suffirent aux épuisements; toutefois, une partie du pavage fut exécutée en régie, dans la crainte des malfaçons.

Les maçonneries furent reprises le 2 mars 1857, et le 18 du même mois le radier était entièrement maçonné, et la pile élevée au-dessus des eaux, qui atteignaient alors $0^{m}.92$ au-dessus de l'étiage.

La pose du mécanisme de la passe navigable, et des treuils qui en dépendent, fut commencée le même jour 18 mars, et terminée le 2 avril.

Ainsi la passe navigable, dont la longueur est de 35 mètres, l'épaulement et la pile furent terminés en 49 jours, dont 18 jours en 1856 et 31 jours en 1857. On a employé pour les maçonneries 33 jours, et pour la pose du mécanisme 16 jours.

Épuisements. — Le nombre des heures d'épuiseurs a été, en 1856, de 12252 heures; en 1857, de 12 265 heures, soit, en totalité, de 24517 heures; et comme une pompe Lestestu n° 1 emploie, par jour, au moins 240 heures, il s'ensuit que tous les épuisemenis ont été faits en moyenne avec deux pompes seulement. Ils ont coûté $9783^{f}.97$, c'est à-dire $0^{f}.25$ l'heure.

La pose du mécanisme a été faite en 16 jours, malgré la difficulté de l'ajustage des pièces, dont les ouvriers les plus expérimentés ne pouvaient bien saisir l'agencement, à cause de la nouveauté du système.

Chacune des hausses de la passe navigable est soutenue

par un arc-boutant et un chevalet en fer. Le chevalet engage les deux tourillons de sa base dans deux crapaudines scellées au seuil de cette passe, et les deux tourillons de sa tête, dans des colliers boulonnés à la charpente de la hausse.

La tête de l'arc-boutant peut se mouvoir entre deux oreilles adaptées à la partie supérieure du chevalet ; cette tête et ces oreilles sont traversées par un boulon qui sert d'axe de rotation.

Le pied de l'arc-boutant s'appuie, quand la hausse est debout, contre un heurtoir en fonte, de forme particulière, scellé dans la maçonnerie du radier. Ce heurtoir est accompagné d'un plan incliné, qui sert à diriger l'arc-boutant quand on relève la hausse ; et d'une glissière qui conduit l'arc-boutant, lorsque l'on couche cette hausse.

On se sert pour cette dernière manœuvre d'une barre à talons portée par des galets en bronze et des guides en fer ; on met la barre en mouvement au moyen d'un treuil vertical placé dans l'épaulement ou la pile.

Poser le mécanisme de la passe navigable, c'était donc :

1° Placer dans une large feuillure la longrine qui porte les 58 crapaudines des hausses ;

2° Sceller les 29 heurtoirs et glissières correspondants ;

3° Boulonner avec des goujons dans une seconde feuillure la longrine qui porte les guides et les galets de la barre à talons. Cette barre est composée de deux parties mises bout à bout ;

4° Ajuster ces deux parties de la barre à talons avec les arcs-boutants des hausses et les deux treuils de la pile et de l'épaulement ;

5° Engager dans chaque treuil la crémaillère qui termine chacune des parties de la barre à talons ;

6° Placer les amarres du seuil du barrage. (A Conflans, ce sont des coins de bois auxquels on a été obligé d'ajouter des vérins.)

Modification à introduire dans la partie du mécanisme scellée au radier. — L'expérience acquise en posant le mécanisme du barrage de Conflans, et, plus tard, en le manœuvrant, a conduit à simplifier la pose des organes adhérents au radier, et surtout à rendre leurs attaches plus solides : Il paraît convenable :

De substituer aux coins et aux vérins des ancres traversant, à la fois, le seuil en bois, les pierres de taille de la feuillure dans laquelle il est engagé et le béton des fondations;

De remplacer la longrine de la barre à talons par une feuille de tôle épaisse, boulonnée aux maçonneries;

D'adopter pour les prisonniers de la barre à talons une forme rectangulaire;

De remplacer les guides en fer cylindriques fermés aux deux extrémités, par des guides ouverts à ces extrémités;

De rendre le front du heurtoir moins fuyant du côté de la glissière, et moins droit sur l'horizon du radier.

Dès que la passe navigable fut achevée, on la livra aux bateaux qui passaient provisoirement dans l'emplacement du déversoir.

Description et construction du déversoir. Le déversoir, dont le seuil est arasé à $0^m.50$ au-dessus de l'étiage, est couronné par 19 hausses, ayant $1^m.30$ de hauteur et de largeur chacune, séparées les unes des autres par des entre-deux de $0^m.10$.

Chaque hausse est soutenue, quand elle est debout, par un chevalet et un arc-boutant en fer.

Les tourillons de la base du chevalet tournent dans des tire-fonds boulonnés au seuil; ceux de sa tête sont reçus dans des colliers adaptés à la hausse; l'arc-boutant est attaché à la tête du chevalet, et est muni d'un heurtoir et d'une glissière, comme celui d'une hausse de la passe navigable. La traverse du radier qui correspond à une hausse quelconque porte à la fois son heurtoir et sa glissière qui lui sont attachés par des vis.

Les hauteurs du chevalet et de l'arc-boutant ont été calculées de telle sorte que la hausse peut faire bascule dès que l'eau déverse par-dessus sa crête de 9 à 10 centimètres. A Conflans, la hauteur du chevalet est à peu près le tiers de celle de la hausse.

On a adapté sur le dos de chaque hausse un contre-poids dont on peut rendre une partie mobile, de sorte que la hausse peut ou ne peut pas se relever spontanément, selon que cette partie du contre-poids s'est plus ou moins éloignée de l'axe de rotation, pour se rapprocher du pied de la culasse de la hausse.

Cette partie mobile du contre-poids est une plaque de fonte portée par deux guides en fer, parallèles, entre lesquels elle peut glisser. Mais cette disposition n'est bonne que si les trous des guides sont fort larges; il paraît préférable de remplacer les deux guides parallèles par un seul guide traversant la plaque en son milieu, et par deux rails sur lesquels s'appuieraient les extrémités de cette plaque.

Les hausses du déversoir de Conflans n'ont pas de barre à talons, c'est inutile pour des hausses aussi petites; mais ce complément devient nécessaire lorsque les barrages sont élevés.

Le déversoir du barrage de Conflans ne fut terminé qu'au commencement du mois de septembre 1857.

Premières expériences. — La première manœuvre complète du barrage se fit le 9 du même mois et fut satisfaisante. Son Excellence le ministre des travaux publics en fut immédiatement informée. Néanmoins les manœuvres ne se firent pas avec régularité dès cette époque, parce que les ouvriers étaient sans habitude, et que l'ajustage des pièces était fort imparfait. Il fallut successivement former les ouvriers, centrer les hausses en chargeant leurs culasses, buriner les têtes des chevalets et des arcs-boutants, remédier à l'insuffisance notoire des coins de bois pour retenir le seuil, préparer le bateau pour le relèvement des hausses.

Ces travaux d'appropriation durèrent jusqu'à la fin de l'année. On fit cependant plusieurs manœuvres en 1857, tantôt pour expérimenter, tantôt pour donner des flots à la batellerie.

Parmi ces manœuvres, je citerai celle du 10 novembre 1857, qui eut lieu en présence de MM. Bommard, inspecteur général; Uhrich et Desfontaines, ingénieurs en chef; Carro, Holleau et Doré, ingénieurs ordinaires des ponts et chaussées.

On leva en 30 minutes 22 hausses de la passe navigable, c'est-à-dire que 26 mètres courants furent fermés en une demi-heure par une hauteur d'eau au-dessus du seuil de $0^m.95$; les 7 dernières hausses furent levées plus tard par une hauteur d'eau de $1^m.24$.

La passe navigable fut ouverte, lorsque la dénivellation entre l'eau d'amont et celle d'aval était de $0^m.93$; on mit 3 minutes pour abattre les 29 hausses.

Une hausse étant tombée spontanément avant l'abatage, parce que son arc-boutant était mal placé, fut relevée par trois ou quatre hommes agissant sur la manivelle du treuil du bateau, quoique la chute d'eau fût de $0^m.84$. J'ai cité de suite cette expérience afin de ne pas interrompre le récit de ce qui s'est passé en 1857.

Avant de parler des expériences nombreuses qui furent faites en 1858, je vais décrire sommairement le procédé employé pour relever les hausses.

Relèvement des hausses. — Je dois rappeler tout d'abord que la culasse de chaque hausse porte à sa partie inférieure une poignée en fer adaptée à la traverse inférieure dans un refouillement disposé à cet effet, et que l'arc-boutant dévié de sa direction pour l'abatage, y a été ramené par la lèvre saillante de la glissière, de manière qu'il peut aisément remonter le plan incliné de son heurtoir.

Les hausses se relèvent une à une, et de la manière suivante : deux éclusiers montent sur un bateau qu'ils amènent en amont des hausses déjà relevées et dont la proue seule fait saillie en avant de la hausse à relever; ils l'amarrent solidement en passant entre deux des hausses fermées une barre de fer terminée à l'une de ses extrémités par une clef dont les branches en forme de T s'introduisent verticalement dans l'intervalle des hausses, et à l'autre extrémité par un émérillon fixé au flanc du bateau et permettant de placer les branches du T horizontales. On se sert, comme d'une seconde amarre provisoire, d'une corde à nœuds attachée à la fois à l'épaulement du barrage et à l'arrière du bateau; enfin ils empêchent le bateau, ou de trop s'écarter, ou de se trop rapprocher des hausses déjà debout; en outre, ils le maintiennent dans une position convenable, au moyen de deux châssis en fer fixés au flanc du bateau par des gonds à charnière verticale, et disposés de manière à épouser l'inclinaison des hausses et à s'appuyer sur leur face d'amont à la hauteur des arcs-boutants.

Ce bateau porte sur son avant une poulie, et en son milieu un treuil à déclic, sur lequel s'enroule une corde qui passe dans la gorge de la poulie, et dont l'extrémité libre vient s'attacher à un anneau fixé à la douille de l'armature en fer d'une gaffe munie d'un crochet.

Le chef éclusier se place sur l'avant du bateau, passe le crochet dans la poignée de la hausse, et fait tourner le treuil par son aide; la corde se tend, tire le crochet et soulève la culasse de la hausse; en même temps, le chevalet se dresse, remorquant, pour ainsi dire, l'arc-boutant; quand le chevalet est près d'atteindre la limite de sa course, le pied de l'arc-boutant tombe du sommet du plan incliné du heurtoir, entre la barre à talons et le front du heurtoir, contre lequel il vient s'appuyer; le bruit de sa chute annonce qu'il s'est mis lui-même en place. Comme le chevalet est alors soutenu en avant par l'arc-boutant, en arrière par le seuil du barrage, l'appui qui doit porter la hausse est en place, et rien ne s'oppose alors à ce qu'on abandonne la culasse à son mouvement.

Cette culasse entraînée par son poids, et au besoin un peu poussée par l'éclusier, s'abaisse et vient s'arrêter contre le seuil du barrage. On modère à la main, ou avec un frein adapté au treuil, la vitesse que pourrait prendre la hausse en tournant sur son axe, soit par l'effet de son poids, soit par l'action du courant.

On a supposé, dans la description précédente, que plusieurs hausses étaient déjà debout, et qu'il s'agissait d'en lever une à la suite. Cependant la manœuvre s'exécute de la même manière pour la première, seulement le bateau, au lieu d'être amarré à des hausses, est fixé au mur en retour de l'épaulement. On pourrait également l'amarrer à l'avant-bec de la pile, auquel on a donné, dans cette intention, une forme rectangulaire.

Quand la hausse à mettre en place est debout, on attaque la suivante ; à cet effet, on avance le bateau de la largeur d'une hausse (son entre-deux compris). Il est bon que la force de traction transmise par la poulie de l'avant du bateau soit contenue dans un plan vertical rencontrant la hausse dans son milieu.

Relèvement des hausses sous une forte chute d'eau. — Lorsque les eaux sont très-élevées, la chute de la cataracte augmenterait rapidement dans la passe navigable, à mesure que celle-ci se rétrécit par le relèvement d'un plus grand nombre de hausses, si les hausses du déversoir n'étaient pas ouvertes, et si celui-ci n'avait pas une grande étendue. Mais ces deux conditions ne sont pas les seules à remplir ; il faut encore donner aux châssis qui tiennent le batelet de service écarté des hausses relevées, une longueur telle que la composante horizontale de la force de traction conserve assez de puissance pour amener le pied de l'arc-boutant entre la barre à talons et le front du heurtoir, et augmenter le poids du pied de l'arc-boutant dans une proportion assez grande pour qu'il ne puisse rester flottant dans le courant.

Des expériences nombreuses faites à Conflans ont prouvé

que le courant d'une chute d'eau ayant de $0^m.75$ à $0^m.80$ de hauteur avait assez de force pour maintenir en suspension au-dessus du front du heurtoir un arc-boutant du poids et de la forme de ceux qui servent à ce barrage. On s'est assuré qu'il flottait réellement dans l'eau, et on l'a fait descendre contre le front du heurtoir en l'y poussant avec une gaffe.

Il résulte, en outre des calculs auxquels je me suis livré, que le pied de cet arc-boutant devait être augmenté de 10 à 12 kilogrammes, pour qu'il pût résister à l'action d'un courant produit par une chute de $0^m.80$ à $0^m.90$, et se mettre de lui-même en place, comme cela a lieu pour une chute plus faible.

C'est ainsi que j'ai été conduit, pour de nouveaux projets, à substituer la forme d'une lentille allongée à celle que j'avais primitivement adoptée, et suivant laquelle le pied des arc-boutants de Conflans a été établi.

Il est à remarquer, en outre, que les volets du batelet doivent être à claire-voie; car s'il en était autrement, le courant latéral qui s'établit le long des hausses relevées, dans le cas d'une forte cataracte, est tellement rapide, et agit si puissamment sur des volets pleins, qu'il pousserait inévitablement le batelet dans la cataracte.

Emploi des chaînes de traction. — Lorsque les eaux sont très-élevées, et qu'il y a en même temps une forte cataracte, on ne parvient pas sans peine à saisir la poignée du pied de la hausse que l'on veut relever, parce que le courant emporte le crochet et la corde qui lui est attachée.

M. l'inspecteur général Mary avait pensé qu'on pourrait se servir avec avantage, dans cette circonstance, des chaînes de traction employées pour les fermettes. J'ai suggéré cette idée au sieur Lambert, agent secondaire des ponts et chaussées, et homme de main assez habile, qui manœuvre le barrage de Conflans depuis qu'il est construit.

Le sieur Lambert a résolu le problème de la manière suivante, qui est véritablement satisfaisante.

La chaîne est attachée d'un bout par un touret dans une chape placée sur la tête de la hausse n° 1 (celle que l'on vient de relever), et guidée dans sa direction le long du dos de cette hausse par un crochet peu saillant, placé sur le bord et à mi-hauteur environ de la hausse. La même chaîne est attachée de l'autre bout au pied de la hausse suivante n° 2 (qui est couchée).

Ceci posé, la manœuvre s'exécute ainsi :

On détache la chaîne de la chape de la hausse n° 1, on la fait sortir de son crochet-guide, et on l'accroche au câble du treuil du batelet de manœuvre ; dès que l'on tourne le treuil, la chaîne amène naturellement le pied de la hausse n° 2, qui se place sur son support, bascule, et présente la chaîne n° 3, dont le touret est passé dans la chape que cette hausse n° 2 porte en tête.

Dès que la hausse n° 2 est en place, on détache de la corde du treuil la chaîne qui l'avait amenée, puis on en remet le touret dans la chape de la hausse n° 1 et un maillon sous le crochet-guide.

On avance ensuite le bateau de la largeur d'une hausse, on fait sortir la chaîne de la chape et du guide de la hausse n° 2 ; on attache cette chaîne à la corde du treuil, qui en tournant dresse la hausse n° 3, laquelle amène la chaîne de la hausse n° 4, et ainsi de suite. On voit que la manœuvre de ces chaînes a beaucoup d'analogie avec la manœuvre des chaînes des fermettes. Le crochet-guide empêche la chaîne de glisser sous la hausse quand elle se couche, et de se prendre dans ses organes ou ceux de la barre à talons.

Utilité dans certains cas de l'arrêt des colliers des hausses. — On a manœuvré, en 1859, le barrage de Conflans par des eaux très-hautes, jusqu'à ce que l'on ait atteint la limite où il était prudent de s'arrêter. Cette limite existe pour le barrage de Conflans, lorsque les eaux s'élèvent de 2 mètres au-dessus du radier, et lorsqu'elles font en même temps une cataracte de $0^{m}.75$. Dans cette circonstance, le batelet de manœuvre est difficile à amarrer aux hausses, parce que celles-ci ne dépassent plus que de 30 centimètres le niveau de l'eau. Toutefois, cette difficulté n'est pas la principale. Celle-ci vient de ce que les hausses de Conflans, tant celles du déversoir que celles de la passe, sont construites de manière qu'elles peuvent s'incliner de l'amont vers l'aval, jusqu'à ce que leur charpente vienne s'appuyer sur les arcs-boutants. En conséquence de cette particularité, le point d'application des pressions produites par la cataracte et au-dessus de l'axe de rotation, agit sur le dessous de la culasse; de telle sorte que celle-ci se relève à son maximum, et forme ainsi un écran qui reçoit tout l'effet de la chute d'eau.

Lorsque cet effet se produit sur le déversoir, celui-ci se trouve, pour ainsi dire, fermé par des hausses inclinées en sens inverse, et qui ont la culasse en haut et la volée en bas. Si le même effet a lieu dans la passe navigable, la hausse, suspendue sur l'appui de son chevalet et de son arc-boutant, présente à la cataracte le dessous de sa culasse relevée au maximum, et subit alors une si forte pression qu'il faudrait un poids ou une force considérable pour lui faire équilibre; aussi l'éclusier ne peut-il plus abaisser cette culasse, pour qu'elle vienne s'abaisser contre le seuil.

Mais il est facile de remédier à cet inconvénient, qui ne s'est, au reste, révélé à Conflans que par des eaux de 2 mètres et sous une cataracte de $0^{m}.75$; il suffit, en effet, de disposer les colliers des hausses de manière qu'ils puissent, en s'appuyant à un instant donné sur les montants des chevalets, former un arrêt qui limite l'angle dont la hausse pourra s'incliner de l'amont vers l'aval.

L'angle que fait l'arc-boutant d'une hausse avec la verticale est d'environ 52°, par conséquent, celui qu'il fait avec l'horizontale est de 38°, et la culasse de la hausse peut s'élever d'autant au-dessus de cette horizontale. Au moyen de l'arrêt des colliers sur le chevalet, on pourra donc réduire cette inclinaison dans une proportion convenable, par exemple à 20°.

Au reste, les éclusiers ont d'eux-mêmes résolu ce petit problème pour les hausses du déversoir, en plaçant sous la charpente de la hausse des taquets de bois qui l'arrêtent dans son renversement de l'amont vers l'aval, sous une inclinaison qui laisse cependant au contre-poids mobile toute son efficacité.

Le déversoir mobile du barrage de Conflans est trop étroit. — Le déversoir du barrage de Conflans se compose de deux parties : l'une de 45 mètres de longueur, fixe et arasée au niveau même de la retenue (2m.30 au-dessus de l'étiage); l'autre de 26 mètres, mobile et dont le seuil est à 0m.50 au-dessus de l'étiage. L'expérience a prouvé que la partie mobile était trop courte par rapport à la passe navigable, qu'elle n'avait qu'un débit insuffisant à l'époque des grandes eaux et que la cataracte croissait très-vite à mesure que l'on fermait la passe.

La conclusion de cette dernière observation est donc qu'il ne faut pas trop restreindre la longueur du déversoir accolé à la passe navigable d'un barrage.

Inconvénient des sables. — Le barrage de Conflans ne fut régulièrement manœuvré qu'à partir de 1858, lorsque les éclusiers furent familiarisés avec toutes les mesures de précaution à prendre pour bien placer les arcs-boutants contre les heurtoirs, écarter du radier les sables et graviers qui contrarient la mise en place de ces arcs-boutants, surtout lorsqu'on relève le barrage après plusieurs mois d'immersion continue. Au reste, ces mesures bien simples se réduisent à vérifier avec un piquot si chaque arc-boutant est dans l'angle que font entre eux l'oreille et le front du heurtoir, et à l'y pousser s'il n'y est pas. Pour faire cette vérification, l'éclusier se place, comme sur un pont de service, sur la tête du volet adapté à l'avant du bateau.

L'expulsion des sables et des graviers se fait à l'aide du

courant, dont on prolonge et dirige, pour ainsi dire l'action, en retardant l'abaissement de la culasse de la hausse, ou en maintenant cette culasse sous une certaine inclinaison.

Lorsque des sables restent entassés contre le front du heurtoir, le pied de l'arc-boutant est relevé de toute leur épaisseur et peut ainsi se soustraire à l'action de la barre à talons; si cette épaisseur est grande, le pied de l'arc-boutant se maintient très-près du sommet du front du heurtoir, et quelquefois même l'arc-boutant s'échappe spontanément, en passant par-dessus le heurtoir, dès que l'eau exerce une certaine pression sur la hausse. Ces diverses circonstances se sont présentées dans les manœuvres exécutées au commencement de 1858. Lorsque des hausses restent debout parce que la barre à talons n'a pu atteindre les arcs-boutants, l'éclusier les abat sans peine et très-rapidement avec une gaffe. Dans ce but, il conduit un batelet à l'aval de la hausse restée debout, et tire l'arc-boutant vers la glissière. C'est dans la prévision d'une semblable manœuvre, que l'on avait ajouté à chaque arc-boutant un mentonnet contre lequel s'appuie la tête de la gaffe qui sert à l'abatage. Il convient de remplacer ce mentonnet par une bague qui a l'avantage de renforcer la résistance de l'arc-boutant aux fortes pressions qu'il supporte.

Soulèvement du seuil; insuffisance des coins de bois. — La passe navigable a été ouverte 73 fois depuis le commencement de 1858 jusqu'au 24 décembre de la même année. On s'aperçut ce jour-là qu'une longrine du seuil s'était un peu soulevée; elle fut remise en place quelques jours après, et consolidée par de nouvelles vis à pas contrariés ou vérins intercalées entre le seuil et la longrine du fond de l'encastrement du radier.

Les longrines du seuil s'étaient déjà soulevées en 1857, alors qu'elles n'étaient retenues que par des coins de bois; l'une d'elles avait même été emportée le 30 octobre avec les trois hausses qui s'y trouvaient attachées. Ce soulèvement n'occasionna aucune avarie sérieuse, car trois jours après la longrine et les hausses étaient remises en place.

Au système de coins en bois, on substitua dès lors un système mixte de coins en bois et de vérins en fer, qui opposa au soulèvement une résistance efficace, puisqu'on ne s'aperçut d'un léger mouvement qu'après 73 manœuvres. Cependant ce mouvement suffit pour prouver de la manière la plus absolue l'insuffisance de l'ancrage avec des coins de bois.

Je ne connais, quant à présent, aucun système d'attache préférable à de fortes ancres en fer traversant à la fois la longrine du seuil, les pierres de taille de sa feuillure et même les bétons de fondation sous lesquels elles s'attachent à de larges croisillons en fer, ou à des plateaux de fonte d'une grande étendue.

Ouverture de la passe navigable. — On sait que la barre à talons est composée de deux parties mises bout à bout, dont les extrémités s'engagent l'une dans un treuil placé dans l'épaulement, l'autre dans un autre treuil placé dans la pile. L'éclusier se met au treuil de l'épaulement, son aide à celui de la pile; puis, à un signal donné, ils tournent au moyen d'une clef verticale en T.

La barre engagée dans le treuil de l'épaulement commande 13 hausses, la seconde en commande 16. La première n'attaque les hausses que 1 à 1; la seconde attaque 1 à 1 les 5 premières, 2 à 2 les 5 suivantes, et enfin les dernières 3 à 3; lorsqu'elle attaque ces dernières hausses, la chute d'eau est alors presque à moitié effacée. La course totale de chaque barre est de $0^m.90$.

Il résulte des attachements, que le temps employé pour ouvrir entièrement la passe navigable a été compté pour 68 manœuvres sur 73 et que

6 ont été exécutées en . . . . 2 minutes.
56 ont été exécutées en 3
5 ont été exécutées en 4
1 a été exécutée en. 5

On peut donc dire qu'il faut 3 minutes pour ouvrir 35 mètres courants de barrage, ou 2 secondes 1/2 pour chaque mètre.

La hauteur du barrage au-dessus de son seuil est de $2^m.30$, et au-dessus de l'étiage, de $1^m.80$.

On a souvent ouvert le barrage, lorsque l'eau déversait par-dessus les hausses; ainsi il fut ouvert :

	m.
6 fois lorsque l'eau était au-dessus de l'étiage de	1.80
9 fois lorsque l'eau était entre $1^m.80$ et.	1.87
6 fois à.	1.88
9 fois à.	1.89

Dans cette dernière circonstance, la hauteur de la lame d'eau déversante est de $0^m.09$, et les hausses mobiles du déversoir s'ouvrent d'elles-mêmes sous la pression de l'eau.

Le 5 novembre 1858, le barrage fut ouvert en présence de M. l'inspecteur général Bommart, lorsque l'eau était à l'amont à $1^m.79$ au-dessus de l'étiage, et à l'aval à $0^m.10$: de sorte que la hauteur de la retenue était de $1^m.69$. C'est, quant à présent, la plus grande chute sous laquelle il ait été manœuvré. L'opération s'est terminée en 4 minutes.

Fermeture du barrage; passe navigable. — On a exécuté, en 77 heures 55 minutes, 70 manœuvres pour la fermeture complète du barrage. C'est pour chaque opération 1 heure 8 minutes, et pour chaque mètre courant très-près de 2 minutes.

50 ont été exécutées en	45 minutes.
5 ont été exécutées en	50
19 ont été exécutées en	1 heure.
7 ont été exécutées en	$1^h.30$

On n'a jamais mis plus de 1 heure 1/2, même dans les circonstances les plus exceptionnelles.

Comparaison avec la durée des manœuvres du barrage à fermettes de Courbeton. — Il n'est pas sans intérêt de comparer ces manœuvres avec celles du barrage à fermettes de

Courbeton, près de Montereau. Ce barrage a également 2m.30 de hauteur au-dessus de son seuil, 1m.80 au-dessus de l'étiage; les engins de la fermeture sont des fermettes à échappement et des aiguilles munies de cincenelles.

On n'ouvre habituellement que 35 mètres pour la passe navigable.

Le tableau suivant contient par numéros d'ordre les manœuvres, le temps employé à chacune d'elles pour l'exécuter complétement et le temps moyennement employé à chaque éclusée pour les mêmes opérations.

Les renseignements ont été recueillis avec beaucoup de soin et d'exactitude par M. le conducteur Dubrana.

Tableau des observations faites sur le temps employé à exécuter les manœuvres du barrage de Courbeton, près de Montereau.

Numéros d'ordre de chaque manœuvre.	DÉSIGNATION DES MANOEUVRES.	TEMPS employé pour les manœuvres.		TEMPS moyen à une éclusée ordinaire		TEMPS par mètre courant.	
	Fermeture (1).	h.	m.	h.	m.	m.	s.
1	Relèvement des 35 fermettes de la grande passe et transport des planches du pont de service	1	45	1	30	2	33
2	Charge et transport en bateau des aiguilles, il y en a 515.	1	15	0	45	1	17
3	Mise en place des aiguilles.	1	15	1	15	2	10
4	Placement des cincenelles dans la tête des aiguilles.	0	40	0	40	1	10
	Total du temps employé à la fermeture.	4	55	4	10	7	10
	Ouverture.						
1	Temps pour faire tomber les fermettes avec les excentriques.	0	30	0	30	0	51
2	Temps pour retirer de l'eau les aiguilles de la grande passe et les transporter sur l'épaulement auprès du magasin.	3	00	3	00	5	10
3	Temps pour les rentrer au magasin	2	00	»		»	
4	Temps pour retirer de l'eau les cordages et les rentrer au magasin	0	20	0	20	0	34
	Total pour l'ouverture.	5	50	3	50	6	35

(1) La passe a 37 mètres de largeur, mais on n'en manœuvre habituellement que 35 mètres.

Il résulte de la comparaison des opérations faites à Conflans et à Courbeton :

1° Que l'ouverture de la passe navigable (35 mètres) s'exécute 10 fois plus rapidement à Conflans qu'à Courbeton, et 60 fois plus vite, si l'on tient compte de toutes les manœuvres ;

2° Que la fermeture de cette passe s'exécute 3 fois plus rapidement à Conflans qu'à Courbeton ;

3° Que la manœuvre des hausses est moins fatigante et moins dangereuse que celle des fermettes.

Lavage et abatage des hausses du déversoir. — Les hausses du déversoir se relèvent comme celles de la passe navigable, au moyen du bateau de manœuvre, lorsque les eaux sont élevées ; dans le cas contraire, les éclusiers les relèvent à la main.

Ils les abattent en tirant avec une gaffe les arcs-boutants jusqu'à ce qu'ils se soient engagés dans les glissières.

Ces opérations sont, au reste, si simples, qu'elles méritent à peine de fixer l'attention.

Les hausses du déversoir sont rarement couchées sur le radier ; elles sont debout, ou inclinées sur l'appui formé par l'arc-boutant et le chevalet, de manière que pour chacune d'elles la culasse est en haut et la volée en bas. C'est, d'ailleurs, dans cette position qu'on les met, lorsque l'on veut fermer la passe navigable par de hautes eaux, sans donner trop d'élévation à la chute d'eau qui pourrait grandir trop rapidement à mesure que la partie de la passe qui reste à fermer deviendrait de plus en plus petite.

Si la fermeture des hausses du déversoir n'offre pas de difficultés quand elles sont couchées sur leur radier, à plus forte raison n'en offre-t-elle pas quand elles sont suspendues sur l'appui dont il vient d'être parlé. Aussi, l'éclusier de Conflans les ferme-t-il seul toutes les vingt, en quelques minutes, soit en marchant sur les guides des contre-poids mobiles, comme une passerelle, soit en se plaçant dans un bateau pour abaisser ces contre-poils et les culasses.

Mouvement de bascule. — J'avais annoncé, dans ma brochure de 1855, que si l'on plaçait l'axe de rotation d'une hausse à peu près au tiers de sa hauteur, les moments de la volée deviendraient plus grands que ceux qui agissent sur la culasse dès que les eaux déverseraient par-dessus la hausse, et qu'alors elle *basculerait* en tournant sur son axe de rotation; mais aussi que le moment du poids de la culasse redeviendrait de plus en plus agissant, à mesure que le niveau de l'eau baisserait, et qu'à une certaine époque il l'emporterait sur les moments de la volée, de telle sorte que la hausse se redresserait et se refermerait spontanément.

Les expériences faites à Conflans ont confirmé mes prévisions. Des résultats semblables ont été obtenus à Courbeton sur des hausses projetées pour couronner des déversoirs d'usines.

Les hausses du déversoir de Conflans ont $1^{m}.30$ de hauteur; leur axe de suspension ou de rotation est donc placé à $0^{m}.45$ environ au-dessus du seuil, et comme celui-ci est à $0^{m}.50$ au-dessus de l'étiage, il s'ensuit que l'axe de chaque hausse est à $0^{m}.95$ au-dessus de l'étiage, ou à $1^{m}.45$ au-dessus du radier de la passe navigable.

J'ai indiqué dans le tableau suivant :

1° Les dates des expériences;

2° Les hauteurs d'eau au-dessus de l'étiage, tant à l'amont qu'à l'aval du barrage, à l'instant où les hausses se sont ouvertes ou refermées spontanément (il est important de connaître la hauteur d'eau à l'aval, car sa pression agit d'une manière remarquable lorsque les eaux sont élevées);

3° Le nombre des hausses qui dans chaque circonstance se sont mises en mouvement.

DATES				HAUTEUR de l'eau		Nombre des hausses qui ont manœuvré.	OBSERVATIONS.
Année.	Mois.	Jours.	Heures.	en amont.	en aval.		
Ouverture spontanée.							
				m.	m.		
1858	Avril.	10-11	6^h mat.	1.70	1.54	2	La hauteur de l'eau est mesurée au-dessus de l'étiage. En avril 1858, la passe navigable est restée ouverte, mais le déversoir avait été fermé.
		10-11	9^h —	»	»	5	
		12	5^h —	1.73	1.64	5	
		12	6^h —	»	»	1	
		13	6^h —	1.76	1.68	3	
	Mai.	1	»	1.88	0.75	8	
		9	»	1.88	0.64	2	
		21	»	1.88	0.75	7	
		28	»	1.88	0.78	8	
		31	»	1.89	0.55	7	
	Juin.	1	»	1.89	0.55	8	
		19	»	1.89	0 40	10	
	Déc	4	9^h —	1.88	0.44	1	
		7	2 à 4^h —	1.89	0.45	3	
		11	6 à 7^h —	1.89	0.45	11	
		14	2 à 4^h —	1.89	0.46	4	
		18	2^h —	1.89	0.44	3	
		21	Nuit.	1.89	0.47	3	
		30	4^h soir.	1.70	1.58	13	
		20	10^h —	1.80	1.68	7	La passe navigable est ouverte et le déversoir fermé
Fermeture spontanée.							
				m.	m.		
1858	Avril.	2	9^h mat.	1.04	0.97	1	On a ôté les immondices amoncelées contre les 5 hausses qui se sont relevées le 5 avril. Ces immondices avaient retardé leur mouvement.
		3	9^h —	0.99	0.94	2	
		4	»	0.99	0.94	12	
		5	»	»	»	5	
		15	Midi.	1.58	1.47	1	
			8^h soir.	1.58	1.47	1	
		17	9^h mat.	1.39	1.30	6	
		25	6^h —	0.96	0.91	12	

On doit conclure, en examinant ces chiffres :

1° Que les hausses du déversoir s'ouvrent lorsque l'eau les surmonte de $0^m.08$ à $0^m.10$;

2° Qu'elles s'ouvrent encore spontanément lorsque l'eau étant grande en rivière, la passe navigable est entièrement libre, et qu'il n'y a de l'amont à l'aval qu'une dénivellation de $0^m.12$ environ ;

3° Que les hausses peuvent se refermer spontanément quand l'eau est à peu près descendue au niveau de l'axe de rotation ; et quand, étant entièrement immergées, il n'y a cependant plus de l'amont vers l'aval qu'une faible différence de niveau ($0^m.05$ à $0^m.06$) ;

4° Que des hausses automobiles analogues à celles de Conflans, complétement abandonnées à elles-mêmes, ne peuvent créer d'obstacles à l'écoulement des eaux des crues;

5° Enfin, que celles de Conflans se refermant dès qu'il n'y a plus, sur le seuil de la passe navigable et sur le busc de l'écluse voisine du barrage, qu'une hauteur d'eau de $1^m.50$, donnent, pour ainsi dire, le signal du moment où il faut lever les hausses de la passe navigable.

Ces conclusions ne sont pas sans importance, car elles semblent prouver qu'il n'est pas absolument nécessaire de monter sur des appuis mobiles toutes les hausses d'un déversoir. Une partie pourrait être soutenue par des appuis fixes. Cette disposition aurait, outre l'économie, l'avantage de permettre d'adapter à ces appuis fixes un agencement qui rendrait, pour ainsi dire, facultatives l'ouverture et la fermeture des hausses.

Inégalités dans les mouvements des hausses du déversoir de Conflans. — Les inégalités que l'on remarque dans les mouvements des hausses du déversoir de Conflans proviennent de ce que leurs contre-poids n'ont pas été calculés de manière qu'ils fussent proportionnés aux résistances que l'expérience aurait constatées. Tous les contre-poids, même dans leurs parties mobiles, sont égaux.

Dans les derniers mois de 1858, on a commencé à rendre les hausses solidaires par groupe, en leur adaptant des pattes de recouvrement, de manière que la plus facile à la *bascule*, et par conséquent la plus difficile au relèvement, agit sur toutes celles de son groupe, dès qu'elle tend à basculer, et cependant ne se renverse que la dernière. La plus facile au relèvement agit de même, mais en sens inverse ; c'est-à-dire qu'elle se renverse la première, et agit sur tout le groupe dès qu'elle tend à se relever, quoiqu'elle ne se relève en définitive que la dernière. Ces premiers essais ont bien réussi. On voit, en effet, que le 11 décembre 1858, 11 hausses se sont ouvertes ensemble, et se sont aussi refermées ensemble le 25 du même mois.

Poids des hausses. — Le poids d'une hausse du déversoir se subdivse ainsi :

	k.
Charpente en chêne goudronnée.	130.00
Fers attachés à cette charpente.	65.36
Arc-boutant et chevalet.	44.20
Fonte pour contre-poids.	55.30
Total pour le poids d'une hausse de déversoir.	294.86

Le poids d'une hausse de la passe navigable est le suivant :

	k.
Charpente en chêne goudronnée.	190.62
Fers attachés à cette charpente.	41.11
Arc-boutant et chevalet.	132.27
Fonte pour contre-poids.	38.50
Total pour le poids d'une hausse de la passe navigable.	402.50

Expériences faites à Courbeton sur des hausses à écran. — J'avais présenté à la fin de 1855, à Son Excellence le ministre de l'agriculture, du commerce et des travaux publics, quelques considérations sur la possibilité de couronner les déversoirs, particulièrement ceux de certaines usines, de hausses automobiles munies d'écrans. Son Excellence eut la bonté de m'autoriser à faire des essais de ce système le 18 mars 1857.

On construisit à cet effet, un peu en amont du barrage de Courbeton, dans une levée placée sur la rive droite de la Seine, un vannage de 4 mètres de largeur et de 1 mètre de hauteur formé de 2 hausses ayant à très-peu près chacune 2 mètres de largeur, et soutenues par des appuis fixes. On reconnut plus tard que cet emplacement n'était pas heureusement choisi, parce que toutes les eaux débitées par e déversoir ne pouvaient passer par un certain aqueduc, et qu'il en résultait un remous fort élevé qui s'étendait jusqu'à l'aval des hausses, et atteignait même quelquefois leur axe de rotation. On ne put remédier qu'imparfaitement à cet inconvénient en relevant le seuil du vannage, et en réduisant à $0^m.80$ la hauteur des hausses, qui fut portée, il est vrai, plus tard à $0^m.90$ au moyen d'une tringle.

Quoi qu'il en soit, les dépenses totales de ces essais s'élevèrent à $1156^f.95$; mais les hausses et leurs écrans n'ont coûté que $330^f.20$, c'est-à-dire $82^f.50$ le mètre courant. Avec les supports et les heurtoirs, elles ont coûté $454^f.80$ ou $113^f.70$ le mètre courant.

Voici la répartition des dépenses totales :

INDICATION DES OUVRAGES.	DÉPENSES.		
	Charpente.	Serrurerie.	Totaux.
	fr.	fr.	fr.
Hausses.	40.00	290.20	330.20
Vannages.	446.60	53.00	499.60
Supports.	38.50	86.10	124.60
Modifications.	52.15	150.40	202.55
Totaux.	577.25	579.70	1156.95

La dépense à faire pour monter de semblables hausses sur un déversoir quelconque déjà construit, peut être évaluée par approximation à 150 francs le mètre courant.

Chacune des hausses essayées à Courbeton portait, adapté à sa culasse, un contre-poids de 37 kilogrammes et un écran en planches, soutenu à l'aval de la hausse et au-dessous de l'axe de rotation par des équerres en fer.

La hausse était, en outre limitée dans son mouvement de bascule, de manière qu'elle faisait avec l'horizontale un angle de 25°, lorsqu'elle avait atteint l'extrémité de sa course.

Résultats des expériences faites à Courbeton. — Il résulte des expériences constatées par M. le conducteur Dubrana, et résumées dans son procès-verbal en date du 28 juillet 1858 :

1° Qu'une hausse de 0m.80 de hauteur s'est ouverte spontanément sous une charge d'eau de 0m.85, et s'est refermée spontanément sous une charge d'eau de 0m.58, mesurées l'une et l'autre à partir du seuil, lorsque l'écran était plein, c'est-à-dire s'étendait sans interruption d'un bord à l'autre de la hausse ;

2° Que l'écran étant toujours plein, même la volée allégée et surmontée d'une tringle en bois blanc de 0m.10 de hauteur, la hausse s'est spontanément ouverte sous une charge d'eau de 0m.90 et refermée sous une charge de 0m.66 ;

3° Que l'écran ayant été remplacé par quatre palettes formant autant de vides que de pleins, la hausse s'est spontanément ouverte sous une charge d'eau de 0m.90 de hauteur et refermée sous une charge de 0m.69, c'est-à-dire après que le niveau de l'eau se fût abaissé de 0m.21 seulement ;

4° Que les résultats obtenus avec des hausses dépourvues d'écrans ont été moins avantageux que les précédents ;

5° Enfin, que l'engorgement produit à l'aval des hausses par le remous a contrarié les expériences, et retardé très-probablement le relèvement des hausses.

On est donc porté à conclure des expériences qui précèdent que le relèvement des hausses automobiles peut être rendu très-prompt en plaçant convenablement l'axe de rotation et le contre-poids de la culasse, en proportionnant ce contre-poids aux effets que l'on veut obtenir, en adaptant des palettes à l'aval des hausses, en disposant les supports de manière que chaque hausse fasse encore un certain angle avec l'horizon, lorsqu'elle arrive à la limite de son mouvement de bascule.

Je crois que des hausses établies dans ces conditions sur

les déversoirs de certaines usines, contribueraient puissamment à faciliter l'écoulement des eaux des crues, tout en n'altérant pas d'une manière préjudiciable le niveau réglementaire des eaux dans les biefs ou les canaux d'amenée. Je le crois d'autant plus que les supports de ces hausses seraient fixes, et que rien ne s'opposerait à ce que l'on rendît le relèvement et l'abaissement des hausses facultatifs, au moyen de bielles montées sur ces supports et commandées par un treuil placé sur l'une des rives du cours d'eau. Il serait également facile de détourner ou de diriger les corps flottants ou fondriers, au moyen de piquets ou de guides en fer placés en amont des hausses.

Comparaison des estimations et des dépenses faites pour l'établissement du barrage de Conflans. — Les dépenses totales ont de beaucoup dépassé les estimations. Les augmentations portent moins sur le mécanisme que sur les charpentes, maçonneries et bétons.

Je vais successivement comparer les dépenses aux estimations, et faire ressortir les principales augmentations ainsi que les causes qui les ont produites.

Les dépenses et estimation générales sont d'abord résumées le tableau suivant.

Nos d'ordre	DÉSIGNATION DES OUVRAGES.	Estimation.	Dépenses.	Augmentation.	Diminution.
		fr.	fr.	fr.	fr.
1	Passe navigable y compris la pile et l'épaulement.	43 701.14	65 738.96	22 037.82	»
2	Déversoir y compris son épaulement.	14 601.07	21 559.11	6 958.04	»
3	Abords des épaulements, perrés, chaussées, etc.	12 708.27	8 494.73	»	4 213.54
4	Treuils et batelets	947,95	815.26	»	132,69
	Totaux pour les travaux définis.	71 958.43	96 608.06	28 995.86	4 346.23
	Régies.	Mémoire.	»	»	»
5	Épuisements.	»	9 783.97	9 783.97	»
6	Dépenses diverses.	»	18 040.28	18 040.28	»
	Total général des dépenses. . .	71 958.43	124 432.31	56 820.11	4 346.23
	Différences	52 473.88		52 473.88	

Il résulte de ce tableau :

	fr.
1° Que l'augmentation sur les travaux définis est de. . .	24 649.65
2° Que les dépenses en régie se sont élevées à.	27 824.25
3° Que les travaux définis de la passe navigable, y compris la pile et l'épaulement, ont coûté par mètre courant $\frac{65\,758^{f}.96}{35}$ = ...	1 878.25
4° Que les travaux définis du déversoir, y compris son épaulement, ont coûté par mètre courant $\frac{21\,559^{f}.11}{26}$ =	829.50
5° Que la dépense de l'ensemble s'est élevée par mètre courant à $\frac{124\,432^{f}.31}{61}$ = ...	2 039.87

Les dépenses en régie ne figuraient pas dans l'estimation primitive, parce qu'elles devaient être imputées sur la somme réservée pour toutes les dépenses de cette espèce que pouvait occasionner l'ouverture de la dérivation de Marcilly à Nogent-sur-Seine.

Détails des dépenses de la passe navigable. — Le tableau suivant donne les détails des dépenses faites pour la passe navigable, groupés par espèce d'ouvrage.

INDICATION DES OUVRAGES.	PROJET.		EXÉCUTION.		Observations
	Quantités.	Dépenses.	Quantités.	Dépenses.	
	m. c.	fr.	m. c.	fr.	
Terrassements et dragages.	904.69	1 115.62	1 699.89	2 179.87	
Terre argileuse pour batardeaux et remblais sur les bétons.	196.20	892.40	483.40	458.35	
Coffrages en charpente et charpente des hausses au mètre courant. . .	m. 100.00	10 272.68	m. 100.00	12 211.61	(a)
Estacades pour la navigation, travaux provisoires, batardeaux.	»	1 869 25	»	6 963.46	(b)
	m. c.		m. c.		
Maçonneries en béton.	591.30	8 679.53	659.79	12 128.63	(c)
Maçonneries diverses.	»	8 052.47	»	9 059.45	
Parements et rejointoiements.	»	2 149.66	»	1 711.03	(d)
Enrochements.	»	»	1 332.90	7 952.48	
	k.		k.		
Fer, tôle, vis à bois, clous.	8 094.53	7 358.19	9 006.70	9 003.92	
Fer alesé.	102.60	184.68	211.75	380.83	
Fonte.	5 344.50	2 204.59	8186.07	3 155.46	
Bronze, plomb.	211.70	740.95	75.45	199.28	
Scellements.	»	517.50	»	442.50	
Goudronnage.	»	163.62	»	191.89	
Totaux.	»	43 701.14	»	65 738.76	(e)

(a) Difficultés inattendues. — (b) Même observation que ci-dessus. — (c) Augmentation en quantité et qualité. — (d) Consolidation du terrain trop affouillable. — (e) Augmentation : 22037[f].62.

L'augmentation des dépenses pour la passe navigable est donc de 22 037f.82, c'est-à-dire de plus de 50 p. 100. Elle est due en totalité à des circonstances imprévues et aux précautions que l'on a dû prendre pour consolider les fondations en béton. Ainsi les coffrages en charpente, dont le battage a été très-difficile, donnent lieu à une augmentation de 2 000 francs. Les estacades et les travaux provisoires de charpente qu'il a fallu disposer provisoirement de plusieurs manières pour la navigation font une augmentation de 5 000 francs; les bétons ont coûté 4 000 francs en sus de l'estimation; les enrochements non prévus au projet, 7 500 francs. Les terrassements, les maçonneries, les fontes et fer, 4 000 francs. Sur ce dernier article seulement, les prévisions du projet ont été réellement dépassées.

Détails des dépenses du déversoir. — Le tableau suivant donne de la même manière les dépenses du déversoir.

INDICATION DES OUVRAGES.	PROJET.		EXÉCUTION.		Observations
	Quantités.	Dépenses.	Quantités.	Dépenses.	
	m. c.	fr.	m. c.	fr.	
Terrassements et dragages.	270.48	161.21	214.52	55.74	
Coffrages en charpente, moises, traverses, charpente des hausses. . .	53.48	6 964.78	74 50	10 638.96	(a)
Travaux provisoires pour la navigation.	»	»	»	1 444.15	(b)
Maçonnerie de béton.	62.07	900.02	96.14	1 314.83	
Maçonneries diverses.	51.08	1 159.67	35.23	1 203.98	
Parements et rejointoiements.	»	328.81	»	218.64	
Corroi, remblais, dans les coffrages avec pierres cassées.	184.59	770.55	83.36	424.60	
Perrés bruts.	»	»	228mq.38	663.27	
	k.		k.		
Fers, vis à bois, clous.	4 028.27	3 672.09	5 285.32	4 803.80	
Fontes.	1 115.52	446.25	2 141.30	718.52	
Goudronnages.	»	197.69	»	72.62	
Totaux.	»	14 601.07	»	21 559.11	(c)

(a) Difficultés de terrain déjà signalées. — (b) Nécessité de pourvoir aux besoins de la navigation. — (c) Augmentation : 6 958f.04.

La différence entre les prévisions et les dépenses définitives est, d'après le tableau précédent, de 6 958f.04. Elle provient en grande partie de difficultés survenues dans l'établissement des coffrages en charpente et des travaux provisoires. Les coffrages ont donné lieu à une augmentation de 3 700 francs; les travaux provisoires, 1 400 francs; les ferrures, 1 200 francs. L'estimation n'a été en réalité dépassée que pour les fers et fontes. Il n'était pas possible de prévoir les autres augmentations.

Détails des dépenses des hausses de la passe navigable et du déversoir. — J'ai rapproché dans le tableau suivant les estimations et les dépenses faites pour les hausses de la passe navigable et du déversoir. Les hausses du déversoir ont seules dépassé d'une quantité assez considérable les estimations.

INDICATION DES OUVRAGES.	ESTIMATION.		EXÉCUTION.		OBSERVATIONS.
	Quantités.	Dépenses.	Quantités.	Dépenses.	
Hausse de la passe navigable.	m. c.	fr.	m. c.	fr.	kil.
Charpente en chêne	0.237	27.26	0.23	26.45	Une hausse pèse 402.50
Goudronnage	m. q. 9.09	5.45	m. q. 9.09	5.45	Son arc-boutant 80.00
Fers attachés aux bois	kil. 37.87	34.08	kil. 41.11	37,00	Son chevalet. . 52.27
Clous	0.81	1.21	»	»	
Vis à bois	18v.	2.16	55v.	6.60	
Fers du chevalet et de l'arc-boutant	kil. 133.40	120.06	kil. 132.27	119.04	
Boulons des crapaudines	7.34	6.61	6.06	5.45	
Fonte des crapaudines	59.70	23.88	48.00	19 20	Une crapaudine 24.00
Fonte des glissières et heurtoirs	103.14	41.26	89.41	35.78	
Scellement d'une glissière	1 sc.	12.00	1sc.	12.00	
Fonte pour contre-poids	»	»	38k.50	9.63	
Totaux pour une hausse (passe)	»	273.97	»	276.60	Augmentation 2f.63
Hausse du déversoir.	m. c.		m. c.		
Charpente en chêne	0.13	14.95	0.183	21.10	k.
Goudronnage	m. q. 5.46	3.28	m. q. 5.46	3.28	L'arc-boutant pèse 17 00
Fers attachés aux bois	kil. 29.50	26.55	kil. 65.36	58.82	Le chevalet. . . 27.20
Fers pour clous	0.46	0.69	»	»	La glissière en fer 40.50
Fers pour toutes autres pièces	74.50	67.05	68.73	61.86	Les 2 tire-fonds 14.03
Fonte pour contre-poids	21.38	8.55	55.30	14.52	
Fonte pour heurtoir	31.74	12.70	32.50	13.00	
Vis à bois	27v.	4.05	40 v.	5.82	
Totaux pour une hausse (déversoir)	»	137.82	»	178.40	Augmentation 40f 58

Détails des dépenses faites pour la barre à talons, les treuils et le batelet de service. — Le tableau suivant contient les détails des dépenses faites pour la barre à talons, les treuils de la pile et des épaulements et le batelet de service, ainsi que la comparaison ce ces dépenses avec les estimations.

INDICATION DES OUVRAGES.	ESTIMATION.		EXÉCUTION.		Observations
	Quantités.	Dépenses.	Quantites.	Dépenses.	
Barre à talons.	k.	fr.	k.	fr.	
Fer pour la barre à talons.. . . .	681.33	613.20	862.50	776.25	(*a*)
Fonte pour supports et galets . .	255 78	102.31	171.70	68.68	
Bronze pour galets	70,24	245.84	37.60	131.60	
Vis à bois.	380 v.	57.00	72 v.	10.80	
Totaux pour la barre à talons. . .	»	1018.35	»	987.33	
Treuil de la pile et de l'épaulement pour la barre à talons.	k.		k.		
Fers de l'engrenage (alésés). . . .	51.30	92.34	90.175	161.32	(*b*)
— (non alésés)	129.13	116.22	70.30	63.27	
Tôle.	33.59	43.67	67.50	87.75	
Bronze pour les godets des arbres.	64.15	224.53	2.875	10.06	
Scellements divers.	45 sc.	66.00	14 sc.	24.00	
Peinture des fers.	$2^{m.q.}.82$	3.11	»	»	
Clef du treuil	»	»	30.60	30.60	
Totaux pour un treuil.	»	545.87	»	377.00	
Batelet et treuil pour relever les hausses.					
Un grand batelet.	1 b.	320.00	1 b.	320.00	(*c*)
Fonte pour les poulies.	$47^{k}.48$	18.99	$99^{k}.00$	39.60	
Fers pour ouvrages divers. . . .	53 .57	42.21	72 .50	65.25	
Treuil du bateau.	1 .00	150.00	1 .00	150.00	
Charpente d'échafaudage.	$0^{mc}.40$	46.00	$0^{mc}.174$	20.01	
Cordages.	$43^{m}.75$	87.50	$88^{m}.00$	176.00	
Fonte pour la roue du treuil. . .	»	»	$55^{k}.10$	44.40	(*d*)
Totaux pour le batelet.	»	664.70	»	815.26	

(*a*) La barre à talons est composée de deux parties mises bout à bout. Sa longueur totale est, y compris ses deux crémaillères, de 37 mètres.
(*b*) Il y a deux treuils semblables : l'un est monté dans la pile, l'autre dans l'épaulement.
(*c*) Le batelet pèse 2 270 kilogrammes.
(*d*) Cette roue devrait faire partie du treuil ; on l'a portée séparément à cause des changements qu'elle a subis. — Plusieurs accessoires ont été payés en régie.

Détails des dépenses faites en régie. — Les dépenses en régie du barrage de Conflans se sont élevées, ainsi que je l'ait dit plus haut, à la somme totale de 27 824f.25.

Cette somme se subdivise ainsi :

1° Épuisements, dépenses accessoires.

1° Épuisements proprement dits.	9783.97	13 996.18
2° Enlèvement de batardeaux.	1618.20	
2° Vin, paille, chauffage.	1758.27	
4° Transports et réparations de pompes. . . .	835.74	

2° Travaux exécutés en régie.

Maçonnerie et consolidation du seuil. 9478.10

3° Dépenses diverses.

1° Cabanes.	566.79	4 349.97
2° Modèles.	548.10	
3° Fournitures et travaux divers.	3235.08	
Total comme ci-dessus.		27 824.25

Dépenses en régie pour les barrages de la haute Seine. — Dans le tableau qui suit on a établi un rapprochement utile entre les dépenses en régie et la longueur des barrages déjà exécutés sur la Seine en amont de Paris.

INDICATION des barrages.	Longueur.	DÉPENSE EN RÉGIE.			PROPORTION PAR MÈTRE COURANT.			
		Épuisements.	Travaux.	Frais divers.	Épuisements.	Travaux.	Frais divers.	Totaux.
	m.	fr.	fr.	fr.	fr.	fr.	fr.	fr.
Courbeton. . . .	50	20 296.28	6 208.85	3 417.49	405.93	124.18	68.35	598.46
Melun.	40	31 562.01	1 628.89	1 528.99	789.05	40.71	38.22	868.98
La Grande-Bosse	45	17 049.07	282.88	2 477.05	378.86	5.28	55.05	459.19
Vesoult.	45	35 810.68	6 168.69	5 145.94	795.79	137.80	114.35	1047.22
Conflans.	61	13 996.18	9 478.10	4 349.97	229.89	155.38	71.29	456.66
Totaux. . .	241	118 714.22	23 767.41	16 919.44	2 599.52	462.63	347.26	3410.51
Moyenne par mètre.	..	. . . .	. . . . .	. . . . .	519.90	82.53	69.45	682.10

On déduit de ce tableau que les frais de régie de 1 mètre courant de barrage mobile coûtent moyennement 700 fr. ; mais que ces frais peuvent, suivant les circonstances, varier entre 450 francs et 1 050 francs, c'est-à-dire du simple au double.

Comparaison entre les régies et les dépenses totales. — Le tableau suivant présente la proportion qui existe entre les dépenses totales faites pour la construction des barrages et de leurs écluses, lorsqu'ils en sont accompagnés, et les dépenses en régie.

INDICATION DES OUVRAGES.	DÉPENSES POUR LES travaux définis.	DÉPENSES POUR LES régies.	RAPPORTS pour 100 francs.	Observations.
	fr.	fr.	fr.	
Barrage et écluse de Courbeton.	191 819.71	42 349.81	22.08	(a)
Barrage et écluse de la Grande-Bosse.	210 349.46	54 644.12	25.98	(b)
Barrage éclusé du Vesoult.	204 147.32	71 872.08	35.26	(c)
Barrage de Melun sans écluse.	53 675.25	34 719.89	64.69	(d)
Barrage de Conflans sans écluse. . . .	96 608.05	27 824.25	28.80	(e)
Totaux.	756 599.79	231 410.15	30.57	

(a) Le barrage de Courbeton est accompagné d'une écluse maçonnée et d'un barrage automobile d'essai.

(b) Le barrage de la Grande-Bosse est accompagné d'une écluse dont le sas est maçonné : cette écluse est construite dans une dérivation et précédée d'une levée d'endiguement.

(c) Le barrage du Vesoult est accompagné d'une écluse à sas perreyé construite dans une dérivation. Il y a des travaux accessoires.

(d) Le barrage de Melun a présenté des difficultés, parce qu'il est fondé sur un fond de rocher fendillé. Il est sans écluse.

(e) Le barrage de Conflans est considéré comme n'étant pas accompagné d'une écluse, quoiqu'il y en ait une en tête de la dérivation de Marcilly à Nogent-sur-Seine. Si l'on en eût tenu compte, la proportion serait descendue au-dessous de 20 pour 100.

Les frais de régie d'un barrage mobile sont donc, en moyenne, les 30 centièmes des dépenses totales ; les deux extrêmes de cette proportion sont les 20 et 65 centièmes.

Entretien. — L'entretien du barrage de Conflans n'a presque rien coûté en 1858, quoiqu'on ait fait plus de 70 manœuvres. Il y a lieu de croire qu'il sera moins dispendieux que celui des barrages à fermettes, qui paraît croître avec l'usage, dans une assez grande proportion.

Il résulte, en effet, du tableau suivant, que l'entretien du barrage du Vesoult, terminé en 1856, est moins cher que celui de la Grande-Bosse, achevé en 1854, et que celui-ci l'est moins que l'entretien du barrage de Courbeton, livré depuis dix ans à la navigation.

[illegible] de l'écluse n'est pas compris, non plus que [illegible]

NOTE

Sur les expériences faites le 23 *septembre* 1859 *au barrage de Conflans.*

Le 23 septembre, MM. Bommart, inspecteur général, Ubrich et Chanoine, ingénieurs en chef, Doré, ingénieur ordinaire, et plusieurs conducteurs des ponts et chaussées, ont assisté aux manœuvres du barrage de Conflans qui eurent lieu vers l'heure de midi.

L'eau s'élevait à l'amont à. . . .	»	1m.39	au-dessus de l'étiage.
Et par conséquent à.	1m.89	»	au-dessus du seuil.
L'eau s'elevait à l'aval à.	»	0m.20	au-dessus de l'etiage.
Et par conséquent à.	0m.70	»	au-dessus du seuil.
De sorte que la hauteur de la dénivellation était de.	1m.19	1m.19	

Le canal avait été fermé avec des aiguilles afin que l'eau ne s'en retournât pas trop vite en rivière.

La passe navigable a 35 mètres de largeur et est fermée par vingt-neuf hausses. Le déversoir a 26 mètres de largeur, il est fermé par vingt hausses.

Les vingt-neuf hausses de la passe navigable ont été abattues en deux minutes.

L'eau marquait, quelques minutes après l'abatage, à l'aval du barrage 0m.76; elle s'était élevée de la moitié de la hauteur de la chute à peu près.

La rivière fut ensuite traversée, et l'on se dirigea vers le déversoir pour en examiner les hausses et les contre-poids mobiles.

Les vingt hausses de ce déversoir étaient debout. Elles furent renversées à la main par l'éclusier, et restèrent un peu inclinées de l'amont à l'aval sur les supports formés par leurs chevalets et leurs arcs-boutants, parce que les contre-poids mobiles avaient été amenés du pied de la culasse vers la volée.

L'eau s'élevait alors de 0m.26 sur le radier du déversoir.

L'éclusier marcha sur ce radier et dans l'eau pour exécuter cette manœuvre qui le fut en quatre ou cinq minutes. Quand l'eau est froide ou trop haute, l'éclusier se sert de son bateau pour exécuter la même manœuvre.

A une heure moins un quart, on commença la manœuvre du relèvement des hausses de la passe navigable. L'eau s'élevait de $0^m.72$ au-dessus de l'étiage ou de $1^m.22$ au-dessus du seuil.

Elle fut complétement exécutée en une heure et terminée par conséquent à deux heures moins un quart, quoique l'éclusier se fût blessé assez grièvement à l'index de la main droite en retenant une corde qui s'était cassée et qu'une hausse fût tombée d'elle-même, parce que son arc-boutant n'était pas bien placé. On a donc relevé en réalité trente hausses en une heure, c'est moyennement deux minutes par hausse (chacune d'elles a $1^m.15$ de largeur et un entre-deux de $0^m.05$).

A la fin de la manœuvre, la chute d'eau était d'environ $0^m.30$.

Le déversoir fut ensuite fermé par l'éclusier qui redressa les vingt hausses en marchant dessus. Il ne mit pas deux minutes pour exécuter cette manœuvre.

Dix hausses de la passe navigable portaient des chaînes analogues à celles dont on se sert pour les fermettes en fer. On constata que ces chaînes doivent être très-utiles lorsqu'on relève les hausses sous une forte chute d'eau.

Pendant le chômage de la dérivation qui eut lieu du 25 août au 15 septembre, on a démonté entièrement sous l'eau le barrage de la passe navigable, c'est-à dire qu'on a enlevé les vingt-neuf hausses, leurs chevalets, leurs arcs-boutants et le seuil.

Les charpentes des hausses ont été goudronnées et l'encastrement du seuil nettoyé.

On a reposé ensuite sous l'eau le seuil et les hausses.

Le seuil a été solidement fixé dans son encastrement par vingt-neuf vérins en fer, vingt-neuf jeux de coins de $0^m.50$ de longueur, et par des tirants de fer qui le rattachent à la ligne des pieux et palplanches d'amont.

Pendant cette opération, l'eau s'est maintenue à $0^m.30$ au-dessus de l'étiage, les hausses et le seuil ont donc été démontés et replacés sous une hauteur d'eau de $0^m.80$ au-dessus du seuil, puisque celui-ci est à $0^m.50$ en contre-bas de l'étiage.

M. l'inspecteur général s'est fait rendre compte en détail de cette importante opération qui a été très-bien conduite par le sieur Lambert (Lucien), agent secondaire.

Extrait des *Annales des ponts et chaussées.*

Paris. — Imprimé par E. Thunot et Ce, rue Racine, 26.

www.ingramcontent.com/pod-product-compliance
Ingram Content Group UK Ltd.
Pitfield, Milton Keynes, MK11 3LW, UK
UKHW012217240726
13966UKWH00003B/812